后评估在中国

庄惟敏　梁思思　王韬　著

中国建筑工业出版社

代序

华南理工大学吴硕贤院士访谈录

作者（以下简称 L）：吴院士您好！您是我国建筑及建成环境使用后评估研究领域的专家，于 20 世纪 80 年代研究厅堂音质的评价方法，并在此基础上，扩大到对居住区生活与环境质量的使用后评价。20 世纪 90 年代，您在国家自然科学基金及浙江省自然科学基金的资助下，开展居住区生活与环境质量使用后评价研究，以人群主观评价为研究核心，利用并发展了多种量化方法进行评价，形成的系列研究成果对学界和业界具有深远影响。鉴于您在建筑学界的影响力和对使用后评估领域的贡献，我们诚挚地想就使用后评估这一主题对您进行一次专门采访，作为新出版《使用后评估在中国》一书的序言。

关于使用后评估（POE）在中国的发展，请谈谈您对 POE 的角色、作用和意义的理解？

吴：使用后评估对于中国的建筑发展十分重要。实际上，使用后评估的理论依据是诺伯特·维纳（Norbert Wiener）的控制论。20 世纪有三大理论提出，即系统论、信息论和控制论。维纳提出控制论的核心是"反馈"。也就是说，不论人、动物还是机器，要改进行为就一定要有反馈信息作为依据。在"黔驴技穷"这个成语故事中，老虎就是通过不断的尝试和反馈来展开下一步行动。不仅建筑学、城乡规划学和风景园林学专业，实际上任何一个专业，想要改进行为，都必须先获得反馈的信息。过去建筑师、规划师和风景园林师，在这方面接受的教育比较薄弱，并不是很懂得其中的道理。前一段时期，建筑大潮在中国兴起，很多人匆忙投身于一个个项目的设计与规划实践，并没有很好地反思、去做调研、去取得反馈信息，所以导致很多毛病一再重复，问题得不到发现、得不到改进，建筑师与规划师自身的建筑设计和规划水平也得不到很大的提高。因此，使用后评估不论是对建筑师和规划师个体，还是对整个行业而言都很重要。对于后评估也要制定相应的规范标准。

L：现在并没有对建筑后评估方面的全面的规范和要求。

吴：是的。一方面是应制定相应的评估规范，另一方面，包括现在已拟定的建筑设计方面的标准规范，哪些合理、哪些需要修订，也应该通过后评估的反馈信息作为相关依据。这实际上也是体现了"以人为本"的思想。不论是建筑设计，还是环境规划设计，最终还是要为使用者着想，使其获得健康、适用、舒适的人居环境。所以听取使用者的意见是非常重要的，也是我们的职责所在。建筑师是为使用者服务的，为他们做规划和设计，使用者满意应是我们的终极目标。所以如果不听取意见，纯粹从主观预设出发，这里肯定缺少一个环节。从另外一个层面上看，使用后评估和庄惟敏教授提出的建筑策划一样，也是整个建筑设计与规划科学程序的必要一环。我们从某一个项目开始，当然需要策划在先，但是后评估是对同类建筑的评价反馈，可为将来同类建筑做策划时提供依据。古人云"前事不忘，后事之师"。有了后评估，建筑策划才更有依据和科学性。

L：实际上是前策划后评估。

吴：对，"前策划后评估"是一个完整的闭环。无论从程序来讲，从以人为本的终极目标来讲，从改进行为的反馈必要性来讲，使用后评估都十分重要。比方说我前一段有一位博士生在做博物馆的量化评估，他发现很多博物馆在做策划的时候，连博物馆的使用方都不参与，只是由待建方建完以后直接交付使用，那不是很荒唐吗？这将导致很多浪费，建成后的博物馆也不大好用。所以策划和评估应该是紧密结合的，应该列入程序来加以规范。希望住房和城乡建设部大力来推行。一方面依靠建筑师自觉自愿的行动；另一方面也需要有一个要求和约束性的东西。

L：您认为，使用后评估在中国城市和建筑领域的推行和发展，应该从哪些方面入手？

吴：我觉得要发展使用后评估，需要有一些专业的评估团队。一方面我们希望规划师和建筑师自觉地来对自己前期的规划设计项目做调查和评价，但同时也应该有一些专业的团队来开展评估业务。在国外就有这样的例子，他们可能做得更加专业，也会因为第三方的身份，做得更加客观。尤其是政府投资的公共建筑，是用纳税人的钱建设的，更应该注重科学性的调查和评估，避免造成大的浪费。

我有一位博士生做剧院研究。他调查了很多地方的剧院，发现很多新建剧场都设有"品"字形的舞台，有很大的侧台和旋转舞台，投资很大，建设费用很高，但实际使用率却很低。这里存在一个根本性问题，就是我们很多剧院并没有驻团剧团或乐团，绝大多数是巡回演出。因此剧院没必要向国外那样搞很多的排练厅。类似的问题通过评估就能发现。如果没有反馈，就无法发现和改进。

L：您做了多年的使用后评估的研究和实践工作，主要集中在哪些方面？会使用哪些工作方法？

吴：使用后评估的范围很大，也很全面。当然我们具体开展时会有所侧重。总的来说，采用的方法属于评价学的学科范畴。我认为有以下几个要点：首先需要有一个评价因子集或指标集，它必须是一个完整的集合，不能漏掉重要的因子，同时又不能有太多的冗余信息，因子之间应当互相独立，否则评价便会不合理，并增加很多不必要的工作量。在集合中既要有客观指标，便于测量和量化，又要有一些主观定性的评价因素，用于反映使用者的主观感受。这两方面的有机结合能够互相提高彼此的信度。当然，在分因子的评价之后，要有一个综合的评价，这里有一些办法，比如可以用模糊集理论、指数叠加法或计权的办法等。实际上是把评价学方法体系应用在我们的领域。

针对不同的建筑类型，评价的重点也应有所不同。比如现在我比较关注绿色建筑和生态城市，目前比较关注和绿色及生态有关的一些指标，比如，绿色建筑的"节能、节地、节水、节材和环境保护"即"四节一环保"。我的另外一些研究的重点是关注人的环境心理和行为。总而言之，不同的项目会有不同的侧重点。

L：对于当前中国的城市和建筑行业发展情况，您觉得哪些领域和类型建筑比较迫切需要推行使用后评估的相关工作？

吴：首先，我觉得应该提倡所有的规划师、建筑师都在他们的业务范围里头做这个工作。就像《红楼梦》讲的，"世事洞明皆学问，人情练达即文章"，我一直认为一个好的规划师、建筑师，不光是手头上工夫好，还一定是要懂得"人"，了解人的行为、心理等方面，了解人是怎么生活、怎样工作、怎样居住、怎样活动。如果这个方面不懂，那就会跟使用者的需要相差很远。如果从紧迫度上来看，一个是现在大力提倡的绿色建筑，当然十分重要；再一个我要提的，是关于城市设计和城市空间环境的后评估。过去的城市规划或设计并不太关注人的行为习惯或者人的使用感受，因而出现了一些大路网、宽马路，却没有人气等问题。现阶段应通过城市的精细化设计来调整和细化，因此，这一方面的后评估工作也是比较重要的，尤其要注意与使用者共同来做细化的城市设计工作。

此外，专业性较强的建筑的使用后评估工作也很重要。比如，我一开始是做音乐厅的建筑声学研究，不仅仅关注纯性能的客观指标，其主观评价也十分重要，比如，音乐厅建成后要请音乐家、指挥与音乐爱好者等来共同做评价。由此受到启发，逐步拓展到对其他人居环境的评估和研究。

L：您觉得在国内高校应该开出什么样的课程，以培养学生对于建筑与城市的认知，训练未来开展 POE 工作的基本方法？

吴：比如，很多高校都设有环境行为学课程，这其中就有与使用后评估相关的知识。另外因为评估涉及很多方面，也有很多客观的数据，所以需要互联网方面的知识。比如通过物联网获得绿色建筑耗电量等数据，再比如大数据的获取和分析技术，尽管只是用于辅助的工作。根据不同的情况，需要不同方面的专业人才。在行业中，未来也会出现专业的研究团队，只要有这个需求，人才就能够培训出来，或是通过实践培养、锻炼出来。建筑学教育中要重视科学的理念，这是我们应该强调的。

现在学界已经开始重视了，并且在基金委支持下，也做了很多工作，培养出不少这方面的硕士、博士。但是整个行业把使用后评估加以制度化还是要假以时日，需要主管部门有进一步的动作。

L：美国的经验是一方面通过政府制定要求，另一方面通过自下而上的激励措施来鼓励行业和地方来推行，比如通过地方提名、美国规划协会评选"最佳城市空间"、"最佳街道空间"等等。

吴：是的，所以我们将来的评奖，包括建筑金奖、鲁班奖等等，都应该是等项目建成后经过一段时间的使用再来进行评价，并且要多听使用者的意见，而不是刚设计建造出来仅凭外表和工艺就来评价。在各个环节都重视建筑的使用后性能，比如设计环节、评奖环节等，就能够更好地促进建筑使用后评估工作。换言之，既要有专家的评价，也要多听使用者的反馈意见。

其实很多东西主要还是态度问题。比如一个城市广场，或者一个街区，你就需要找人到里面走走，询问经常到那里的人，便能获取很多信息，并不是非要统计定量数据才叫评估。总之，你是否重视反馈，这才是最重要的。不去做，当然永远得不到信息，也永远不知道什么是真正好和真正需要的。态度和理念问题是首先要解决的。

前策划和后评估是紧密挂钩的，评估完了目的还是为了指导下一步新的策划和设计工作的开展。现在强调全生命周期，对此大家都应该重视。

L：通过和您的谈话，感知到您对建筑评估的关注和热情。再次感谢您高屋建瓴的视野和对使用后评估的深刻认识，让我们受益匪浅！

（注：吴硕贤院士的采访由作者整理并经本人审阅同意后收录）

前言

在我国近三十年的快速城镇化过程中，大量建筑因其功能不合理、使用问题等非质量因素而拆除，造成巨大的社会资源和空间资源浪费，带给生态环境和公众利益巨大威胁。2014 年 7 月《住房城乡建设部关于推进建筑业发展和改革的若干意见》（建市【2014】92 号）指出："提升建筑设计水平。加强以人为本、安全集约、生态环保、传承创新的理念，……探索研究大型公共建筑设计后评估。"2016 年 2 月中共中央国务院印发的《关于进一步加强城市规划建设管理工作的若干意见》中提出，"加强设计管理。……按照'适用、经济、绿色、美观'的建筑方针，突出建筑使用功能以及节能、节水、节地、节材和环保，防止片面追求建筑外观形象。强化公共建筑和超限高层建筑设计管理，建立大型公共建筑工程后评估制度。"

使用后评估是指在建筑建造和使用一段时间后，对建筑进行系统的严格评价过程，主要关注建筑使用者的需求、建筑的设计成败和建成后建筑的性能，这些均为将来的建筑设计、运营、维护和管理提供坚实的依据和基础。自诞生之日起，建筑使用后评估就与建筑策划密不可分。早在 20 世纪 60 年代，欧美等西方国家已经将项目策划、项目建设和建成后的使用状况评价（Post Occupancy Evaluation，简称 POE）作为一个完整的建设程序。其实践范围也逐步从单一的建筑类型（如学校、医院、住宅等）扩展到城市设计、建筑设计、室内设计、景观设计等多类城市建成环境，研究范围也从使用者心理及物理环境性能拓展到设计过程、历史文脉、社会价值、设施管理和用户反馈等多个方面。目前，欧美等发达国家已逐步完善使用后评估并将其正式纳入建筑规划设计进程，应用范围涉及多种建筑类型，特别是政府主导投资的公共项目，并将使用后评估纳入建筑全生命周期的性能评价环节之中。

目前我国对建筑及城市建成环境的使用后评估研究实践还处于起始发展阶段，有待对其进行系统的探索和研究。应对于"提升设计水平"和"加强设计管理"的定位，本书在对公共建筑使用后评估体系的整理和回顾的基础上，提出"前策划—后评估"理念，在改善建筑设计的程序、实现以人为本的城市发展目标，以及改进行为反馈和树立标准等角度，形成建筑流程闭环的反馈机制。

本书的前三章介绍使用后评估的价值、程序、方法和工具；在第四至六章中，结合国内外研究经验和案例，从多个角度分析使用公共建筑及城市建成环境后评估的国际实务、研究思路、评价指标与相关教育；同时，本书还特别收录了中国建筑学会建筑师分会建筑策划专委会于 2016 年西安袁家村会议上形成的《2016 中国城市建成环境使用后评估倡议书》，以及 2017 年9 月 20 日于中国建筑工业出版社举行的大型公共建筑工程后评估研讨会的相关内容，以期通过汇集专家智慧，共同探讨使用后评估在中国的未来发展方向，为探索大型公共建筑工程后评估的可行路径提供参考和借鉴（第七章及附录）。

需要说明的是，本书中的"使用后评估"，以及"前策划、后评估"的研究内容聚焦于城市建成环境和公共建筑的空间性能与用户反馈，主要关注建设项目对前期的建筑策划环节落实效果的评价。相比而言，传统行业中的工程项目评价是一个更广泛的范畴，涉及经济投资、项目绩效、实施管理、安全质量等多个方面。本书从建筑空间使用后反馈的角度出发展开研究，以期作为工程项目后评估的内容深化。另一方面，对于绿色建筑性能评价研究在我国已较为深入和全面，并发展出系列绿色建筑评价指标体系和性能标准，已成为建筑空间性能评估的一大专项领域，因此，在本书中没有对其进行过多探讨。

最后，本书的出版只是一个起点，后评估在中国的研究与实践刚刚起步，有赖于各个行业领域的专家学者的共同探讨，形成合力。在中国的建筑行业持续发展的今天，建筑师除了全方位地投入到建设过程中之外，也同样需要有一个"向后看"的过程，"向后看"，也正是为了更好地继续向前发展。

限于作者的学识和背景，难免有错误及不周之处，请广大读者批评指正。

庄惟敏

2017 年 9 月 22 日

"对结果的认识依赖并且包含了对原因的认识。"

——斯宾诺莎《伦理学》

目　录

第一章
后评估的作用与意义

一、建筑创作全过程的发展与变化

中国的城镇化建设中除了规划先行的概念之外，对于建筑设计来说，尤为重要的是完成一个体系化建立的工作，从而在高速发展的同时，保证投资建设的质量与效果。所谓建筑设计的体系化，意味着建筑师的工作不再是仅仅按照任务书完成设计，而是要将工作延伸到设计的前端和后端。所谓前端，就是建筑策划（Architectural Programing）的工作，研究科学合理的项目任务书，为建筑设计命题。因为命题如果本身出错，后面的城市设计、建筑设计即使再有创意也将失去作用和意义。所谓后端，就是使用后评估（Post Occupancy Evaluation）的工作，简称 POE。两者一起，我们称为"前策划—后评估"。

目前，中国的基本建设程序通常是按照三个步骤来展开：1. 城市规划立项；2. 建筑设计；3. 建筑施工。随着前策划后评估工作重要性的凸显，在建筑设计体系化的建设中，我们建议在以往的常规工作步骤的基础之上，在城市规划立项之后、建筑设计之前加入建筑策划的环节，从而对建筑设计的依据进行科学合理的界定，以避免项目决策过程中的随意性和盲目性；而在建筑施工完成、房屋投入运营之后，建筑设计工作的流程是否就已结束？显然没有。建筑实际运营中的经验需要回馈，通过使用后评估工作将其重新反馈到设计前端，为建设项目的修改调整提供数据，为今后此类型的项目提供经验和依据。

在这样一个新的建筑设计工作体系中，工作流程形成了一个闭环。如果说策划是一个提出问题的过程，设计就是一个解决问题的过程，而在建筑设计给出问题的解决方案并实施之后，进行系统和科学的总结对建筑策划进行反馈修正，这就是后评估的工作。规划、策划、设计、施工、运营和后评估这几个环节相辅相成，互为承接与前提，它们一起构成了建筑整个生命周期的一个闭环。而后评估在其中起到了非常关键的作用，在规划、策划、设计、施工、运营等每一个环节，甚至在更为前期的城市规划立项阶段，都可以有这种后评价的回馈。我们可以看到，渗透到各个阶段工作之中的后评估，在不断地为一个工程建设项目的顺利实施和良好运营提供着反馈和修正（图1-1）。

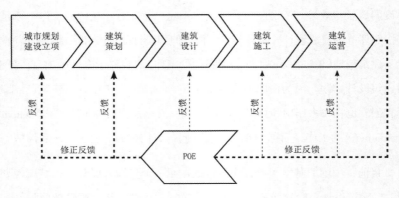

图 1-1 建筑创作全过程闭环

后评估通常是指以建筑性能标准和建筑使用者及其需求作为评价依据，对建筑进行严格的评估，以期从中获取反馈信息。这些信息的作用在于，一方面对现有建筑中存在的问题进行修正，另一方面为未来建设更好的建筑提供有益的借鉴。后评估并非一个全新的概念，事实上，非正式或者主观性的建筑评估活动长久以来一直贯穿于建筑发展过程之中。

早在罗马时代，维特鲁威就在《建筑十书》中提出了建筑三原则"坚固、实用、美观"，而其中的"实用"原则就是针对建筑物在投入使用后是否真正符合使用者的需求。而到了现代主义时期，"功能"更是成为现代主义建筑奉为圭臬的基本原则。在这里，所谓"功能"就是由建筑师对于建筑未来使用的理解而形成的一栋建筑具体的统摄原则，而"美观"是在一座建筑的每一个构件都实现其力学功能、每一个空间都实现其实用功能的基础上涌现的东西。但是一直以来，这个"功能"原则一直是由建筑师以自己对于建筑和使用者的观察与理解获得的东西，没有外化并形成共识和标准，也基本从未在建筑落成之后与其中真实的生活与使用进行对照。

然而，随着人类社会的发展，社会行为越来越多元复杂，对于承载这些活动的建筑和城市也提出了更为复杂的要求。简单的、直觉式的后评估越来越不能适应现在的发展，因此，对于后评估也提出了系统化的要求。从而使零散的经验汇聚成可以共享的知识。基于当今建筑的复杂要求，系统的使用后评估旨在把目标性能标准与实际建筑性能标准进行比较，并且已经被很多国家的政府部门、私人企业、发展商广泛应用。在国外，使用后评估已被大量地采用，罗伯特·G·赫什伯格（Robert G. Hershberger）进而提出，后评估不应该仅仅局限于建筑投入使用之后，从策划、设计、施工到使用的各个环节都需要开展评估工作。

二、后评估的价值、类型与内容

对于后评估，吉布森[1]认为，这种从性能角度对于建筑物的评价，与以往那些仅仅建立在哲学、风格和美学基础上的评价形成了鲜明的对比。这种对于建筑性能的关注起始于人与建筑之间的关系，研究建成环境如何影响人的行为与认知，所以，最早进入后评估研究领域的是环境心理学，并在此基础上得以发展。因此，后评估既是一个检验建筑功能与效果的诊断工具，而在其背后则是一种基于环境行为学的研究范式。这个范式中的前提是建筑环

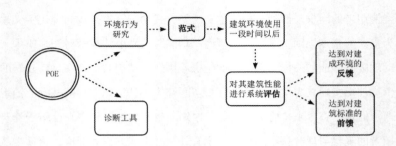

图1-2 环境行为学角度的后评估研究范式

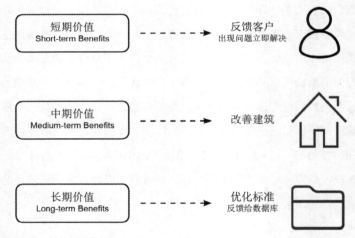

图1-3 后评估的三种价值

境建成并经过一段时间的使用,研究的具体过程和实证部分是对建筑性能进行系统的评估,研究的目的是形成对建成环境的信息反馈,同时作为对建筑标准的一个前馈(图1-2)。

从周期上看,后评估工作中所产生的知识与经验存在三种价值,分别使一个建筑项目在不同方面获益。短期价值可以对建筑成败做出快速评价,并提供一个合适的方法去解决问题,以及提供多种设计可行性以降低造价。中期价值可以为适应性改造或重建提供判断依据,例如建筑扩容和改变空间功能等。长期价值在于从成功或失败的建筑中吸取经验，并将经验运用到未来的建筑设计中（图1-3）。

此外，后评估工作也可以按照其侧重分成三种类型：第一种是描述式的后评估，目的是对建筑成败的快速评价，为建筑师和使用者提供改进依据，研究的范围不广、深度不深，目的在于揭示建筑的主要问题；第二种是调查式后评估，是对建筑性能的细节评价，为建筑师和使用者提供更具体的改进依据，研究的范围较广、深度较深；第三种是诊断式后评估，是对建筑性能的全面评价，为建筑师、使用者提供所有问题的分析和建议，为改进现存标准提供数据、理论支持，研究的范围最广、深度最深，是一个长期评价行动。[2]

通常，一个具体的后评估工作可以分为计划、实施和应用三个阶段。在数据处理中，传统的收集方法包括问卷法、SD法等。随着人类社会进入信息时代，后评估工作也在不断引入新的技术，例如建筑信息模型（BIM）、地理信息系统（GIS）、大数据、自动控制、空间句法等。建筑的数据收集与分析手段越来越多，数据积累越来越全面和丰富。未来有关建筑的每一个元素都将与数据导向技术联合起来，而这也进一步推动了后评估工作的发展。

三、中国城镇化进程与后评估工作的紧迫性

目前，中国的城镇化发展的速度与规模史无前例，没有可以借鉴的经验。如果继续沿袭这种无反馈的工作机制，或者完全按照领导或甲方的个人意愿为建筑设计命题，这样下去我们所面临的问题，也将是绝无仅有的。同时，中国的城镇和农村的发展也变得越来越不平衡。2016年城镇化率达到了57.35%，城市的问题大家已有所了解，而这个过程对于乡村建设带来的问题仍然摆在面前，例如空心化、随意开发等现象。中国快速的城镇化进程投入

了大量的社会资源和经济资源，但结果是创造了很多的衰败的空间。这可能取决于三个原因：

1. 对于人们在城市中的行为以及其所带来的影响认知不够，造成了功能性不匹配，缺乏安全性等问题。

2. 缺乏及时有效的预测方法和工具，以提前预评估出设计方案的有效性和可行性。

3. 缺乏完整的后评估应用体系。法律上应该将后评估纳入建设的重要环节。

我们看到，由于建设过程中缺乏对于行为的认知、及时有效的预测和完整的后评估，必然带来新的问题。很遗憾的是，国内目前对后评估工作的理解还比较浅显，很多甲方和使用方都没有意识到使用后评估对于投资和使用的重要性，很多设计师也不认为评估在自己的工作职责范围之内。

住建部前副部长仇保兴在"第六届国际绿色建筑与建筑节能大会"上的讲话中曾经提到，中国的建筑使用寿命通常不到30年。中国建筑科学研究院也做了统计，"十二五"期间每年因非质量问题拆除的建筑带来的损失达上千亿元，例如，广州耗资8亿元建设的陈家祠广场使用4年后就被拆除，北京的地标性建筑四星级凯莱大酒店于2010年被拆除。那么，非质量问题导致的拆除问题出在哪里？显然，跟最初的建筑设计命题有关，也就是我们所说的建筑策划的问题。同时，因为没有系统性的使用后评估，类似的教训没有得到总结，不能形成经验和知识反馈到此后的建设中去，以避免类似问题的发生。可以看到，这种现象的产生与目前的工作流程中缺乏前策划与后评估环节很有关系，因此建筑设计的体系化工作是当务之急。

城市规划立项、建筑设计、建筑施工这种工作程序的建立，在特定时期完成了特定的使命，有其意义所在。但是今天，我们在这个工作程序中加入了建筑策划和后评估，构成了建筑策划研究的核心，以此应对新的形势、解决新的问题。

四、使用后评估在建筑师职业领域发展的作用

在国际建协发布的《实践领域协定推荐导则》里面，明确了建筑师提供的专业核心服务的范围过程。职业建筑师范畴里面规定了七项专业核心服务中，涉及评估和质量控制的工作，目前基本上都是中国建筑师职责之外的，包括：使用后评估、计划施工成本评估、工程造价评估、审核质量控制、使用后检查等方面（图 1-4）。

```
1. 项目管理                  3. 施工成本控制              6. 合同管理
   · 项目小组的成立和管        · 施工成本预算               · 施工管理支持
   理                        · 计划施工成本评估           · 解释设计意图、审核质量控制
   · 进度计划和控制           · 工程造价评估               · 现场施工观察、检查和报告
   · 项目成本控制             · 施工阶段成本控制           · 变更通知单和现场通知单
   · 业主审批处理
   · 政府审批程序            4. 设计                     7. 维护和运行规划
   · 咨询师和工程师协调        · 要求和条件确认             · 物业管理支持
   · 使用后评估（POE）        · 施工文件设计和制作         · 建筑物维护支持
                            · 设计展示，供业主审批        · 使用后检查
2. 调研和策划
   · 场地分析               5. 采购
   · 目标和条件确定           · 施工采购选择
   · 概念规划                · 处理施工采购流程
                            · 协助签署施工合同
```

图 1-4 国际建协理事会通过的《实践领域协定推荐导则》

因此，即使是从中国建筑师的职业发展角度来讲，如果建筑设计也要国际化，中国建筑师要走出国门或与国外建筑师合作，就必须开展评估领域的工作与服务。再来看看美国，美国建筑师学会（AIA）有专门的官方文件明确规定了建筑师进行使用后评估的内容，包括五个详细的具体步骤：1. 进入

最初数据收集工作；2. 本项后评估业务的设计和研究；3. 收集数据；4. 分析数据；5. 陈述情况。可以看到，通过美国建筑师学会对具体工作设定的规范和要求，后评估工作在美国建筑设计业中已经法律化。

从社会经济机制的运转规律来看，不论是将建筑设计看作一种服务还是将建筑物作为一种特殊的不动产产品，后评估所带来的服务与使用反馈，都是不可或缺的，而也正是以往的建筑设计工作中被忽视的。以往关于建筑或建筑设计的评论基本都是从美学角度出发，鲜有涉及建筑具体的使用性能与效率，建筑如同一种缺失了用户反馈的商品，这与今日发达的商品经济中各行业对于用户体验越来越多的强调完全是背道而驰的。随着中国社会经济的发展，建筑业自身的成熟与进步，都要求建筑师职业将对于建筑与设计在使用后的反馈正式纳入到工作视野之中，成为职业与行业发展的推手。

五、后评估作为建筑可持续发展的重要手段

后评估所代表的一种不同于以往的建筑观，其核心是注重建筑的功能效果、关注人与建筑之间的关系。以往从设计美学为原则的建筑观通常将建筑外化为一个审美客体，考察客体对于主体形成的审美经验，从考察角度和主客关系上都有很大的局限性。而后评估所代表的建筑观将人与建筑之间的关系都纳入到一个更为宏观全面的环境系统中予以考察，这种观点是与一种新的以环境为出发点的世界观的兴起紧密相连的。20 世纪下半页，可持续发展逐渐成为全球社会经济发展中的一个重要原则。发达国家早在 20 世纪 60 年代就开始探索生态建筑学，并开始进行环境评价，关注于建筑的可持续发展问题和与自然生态、环保等问题的关系。

随着能源危机和环境资源问题的加剧，面对着环境的绿色生态可持续发展的大挑战，自 1980 年代起，西方发达国家开始更加关注绿色建筑。如美

国成立绿色建筑协会（USGBC），有关绿色建筑与建筑环境评价的方法和标准体系也纷纷推出。如英国建筑研究所（BRE）于 1990 年推出的"建筑环境评价方法（BREEAM）"，美国绿色建筑委员会于 1993 年推出的"LEED 绿色建筑等级体系"；1996 年由加拿大、美国、英国、法国等 14 个国家参加的"GBC 绿色建筑挑战"。还有德国的生态导则 LNB 及 ECO-PRO，澳大利亚的建筑环境评价体系 NABERS，挪威的 ECO Profile，荷兰的 ECO Quantum，法国的 ESCALE、EQUER，日本的《环境共生住宅 A–Z》等。这些评价体系对建筑是否节能、环保的性能标准给出系统的分析与评估方法，并设计了各类图表及电脑软件，便于设计者或使用者评估。这个趋势从 20 世纪末和 21 世纪初一直到现在，在全球范围内掀起了一股新的推动建筑发展的力量。

所有的这些绿色建筑的标准，我们都可以从前策划后评估的角度予以理解。它们在建筑设计之前起着辅助建筑策划的作用，帮助建筑师确立设计的目标和指导原则，并协助建筑师选择合适的技术手段以达成这些目标和原则。而在建筑落成之后，它们又成为检验实际效果的标准，指导对于建筑实际性能进行后评估工作。目前，我国已有了对于绿色建筑标准的各种研究，但是还没有将其纳入到更为完整的建筑设计工作链条之中，对于其中蕴含的前策划与后评估工作的性质和作用还不能完全理解，并做到有目的地开展和运用。

由此可见建立新的设计工作步骤的重要性。在大部分建筑师还是把自己的工作重点放在外观、造型等这些方面的时候，一个新的设计工作步骤的建立、前策划后评估机制的引入，将有助于我们摆脱仅以审美评价建筑的建筑观，取而代之一种更为全面的建筑观，将建筑所蕴含的社会、经济和环境关系纳入到建筑设计与评价体系之中。从这个角度看，国外对于绿色建筑后评估层面的研究，以及向建筑设计前端和后端的延伸，对于我们有很大启发。

六、结语

综上所述，后评估工作机制的引入将进一步帮助我们建立新时期的建筑设计工作步骤，以适应新型城镇化时期的城乡飞速发展的形势，保证各类工程建设项目投资的有效性，精确定位和满足社会需求。对于建筑师职业的发展来说，掌握后评估工作的技术也是一项不可或缺的职业技能，同时也是亟需建筑行业向社会与经济发展提供的一项服务。从学术研究的角度，我们希望将使用后评估与环境行为范式研究结合，对人、环境、建筑、资源进行评判，通过数据收集、数据分析、应对战略，形成两个方面的输出，一方面对建成环境形成反馈和优化；另一方面对建筑的标准提供依据和参考。

因此，我们需要建立一种更为全面的建筑观，将建筑与人的关系、建筑的实际使用效果纳入视野。从社会与经济发展的角度，我们可以看到，对于政府、开发商、建筑师、规划师、学术界、社会公众等方面，使用后评估工作都有着非常重要的意义。因此，我们需要树立并推广使用后评估的概念，通过政府、社会、学界、行业推进后评估工作的发展。城镇化发展是我们面临的一个巨大的挑战，使用后评估工作的开展，以及设计工作流程的转变都关乎城镇化发展的成败，其中所蕴含的建筑观的转变与新的理论与方法的发展，也关乎建筑学学科与建筑师职业的未来发展。

第二章
后评估的定义、发展与理论

一、后评估的定义

对于后评估，沃尔夫冈·普赖策[3]（Wolfgang Preiser）从建筑性能角度给出的定义是：在建筑建成和使用一段时间后，对建筑性能进行的系统、严格的评估过程。这个过程包括系统的数据收集、分析，以及将结果与明确的建成环境性能标准进行比较。

弗里德曼（Friedman）[4]等从人的心理角度对建筑后评估的定义是：对于建成环境是否满足并支持了人们明确的或潜在的需求的评估。而满足人们的使用需求，从功能的角度来说，也正是建筑设计的意义所在。

英国皇家建筑师学会（RIBA）从建筑师的工作角度给后评估的定义是：建筑在使用过程中，对建筑设计进行的系统研究，从而为建筑师提供设计的反馈信息，同时也提供给建筑管理者和使用者一个好的建筑的标准。

此外，还有在使用后评估概念的基础上发展出的建筑性能评估（BPE——Building Performance Evaluation），其定义为：以人类行为和需求为出发点，对于建筑物的设计与性能之间关系的研究，从而确定建筑物是否满足使用者的需求，并会对使用者带来何种影响。[5]

2016 年 2 月中共中央国务院印发的《关于进一步加强城市规划建设管理工作的若干意见》中提出："按照'适用、经济、绿色、美观'的建筑方针，突出建筑使用功能以及节能、节水、节地、节材和环保，防止片面追求建筑外观形象。……建立大型公共建筑工程后评估制度。"

后评估是建筑设计全生命周期中重要的一环，是对建成环境的反馈和对建设标准的前馈，是人本主义思想和人文主义关怀在新时代的体现，推动了建筑学科时间维度上的完整性和人居环境科学群的学科交叉融合，对建筑效益的最大化、资源的有效利用和社会公平起到重要的作用。此外，后评估作为一个建筑学概念的提出，标志着建筑师业务实践范围的进一步扩大，建筑师开始系统地对建成环境的绩效评估进行研究与实践。

随着国务院的意见中对于大型公共建筑工程后评估工作的强调，前面提到的新时期建筑设计工作流程得以实现。前策划与后评估将随着后续相关法律与行业规范的出台，进一步明确其在基本建设工作中的作用与意义。这意味着中国的建筑设计工作流程随着社会发展的需要以及自身的演进，进入到了一个策划、设计、施工、运营和后评估并重的时代。

二、建筑实践中的使用后评估

回顾后评估在建筑实践中的发展，其萌芽诞生于 20 世纪初期，当时的动机是探寻建筑设计对于经济的促进作用，比如作为生产和工作场所的建筑对于劳动生产率的影响。例如 1927 年在芝加哥附近的西部电力公司，斯诺进行了光环境与生产率关系的研究，研究结果证明空间的确会影响到人们的认知和行为。

在建筑设计领域，后评估真正的蓬勃发展时期是第二次世界大战以后，大量快速的建设使欧洲国家开始思考建成环境的问题。英国皇家建筑师学会（RIBA）认为，一系列失败建设的原因是缺少对已完成项目成败的"科学研究"。因此，在 1965 年的建筑师手册《工作计划》中提出，一个完整建筑项目的最后阶段是"反馈阶段"。但是，由于动机、意愿和取费等一系列原因，使这个"反馈阶段"没有列入职业建筑师的工作范围，也没有受到设计业与建造业的重视，取而代之的是环境行为的研究。因此，最初的后评估研究更偏向于社会学与心理学，这也是后评估起源于环境行为学的原因。

1960 年代的社会文化背景是后评估的实践和理论快速发展的推动力之一。如同 1960 年代的美国人权运动所显示的，公众参与是 1960 年代社会运动的关键词，各种社会决策过程中利益相关方的参与成为了关注的焦点，这其中就有作为社会构建物的城市与建筑。在城市规划领域，为了建立更为公平民主的规划决策过程，改变弱势群体作为利益相关方长期被忽视的状况，先后出现了交互规划理论（transactive planning）、倡言规划理论（advocacy planning）以及交往规划理论（communicative planning），其主旨都是将那些排除在规划过程之外的群体吸纳进来，或者为其代言，建立平等对话，从而使得规划行为在更大程度上考虑社会各阶层和群体的利益。

在建筑设计领域，人们也开始意识到一直存在着的一个沉默的大多数，那就是建筑落成后具体的使用者。长期以来，建筑设计主要是建立在甲方和建筑师之间的共识之上的行为，而实际上一个建筑项目的甲方常常并非是其最终的使用者，因此并不能充分表达建筑实际使用者的需求。于是，在 1960 年代的社会背景下，建筑设计中也出现了对形式和技术因素的绝对主导地位的反思，开始将目光投向具体的使用者。在社会学者、规划师和建筑师的共同努力下，建筑设计被看作一个社会过程，倾听所有利益相关方的需求和愿望，尤其是那些在建筑里生活和工作的人。于是，对于建筑落成后的使用情况开展系统性研究的呼声越来越高。

在美国，1963 年由绍尔（Schorr）对低收入者生活实质环境的调查研究中，清楚地显示出集合住宅的问题实际上是政治、经济、社会和建筑等多方面因素共同作用的结果，其研究成果最后促使美国政府成立了住房及城市发展部（HUD）。1966 年，奥斯蒙德（Osmond）等人对精神病院和监狱等特种建筑开展了使用后调研，这些工作着重调查评估这些特种建筑对特殊使用者的健康、安全和心理的影响，并为今后改进同类建筑设计提供依据。同一时期，纽曼（Newman）对 100 多幢集合住宅进行了调查研究，发现了集合住宅区里的犯罪原因与集合住宅的建筑造型、规划布局、建筑配置和交通安排有密切的联系，其研究结果不但直接影响到美国政府对集合住宅的政策制定，更促使政府对各地许多既有的公共集合住宅进行改建和更新，该报告中的某些结论甚至直接成为政府住宅的建设依据。纽曼的工作不但使民众认识到了后评估的功效，也使许多人开始重视后评估的价值和影响力。[6]

至此，后评估积累了大量的经验与数据，形成了相应的机构和组织，逐步进入公众视野，成为大学和研究机构的研究对象，为使用后评估成为一个专门的知识体系奠定了基础。

三、后评估的相关著作、组织和研究

在理论著作方面，1964 年克里斯托弗·亚历山大（Christopher Alexander）出版了《形式合成注释》（Notes on the Synthesis of Form），后又于 1977 年出版了《模式语言》（Pattern language）。这些著作对建筑后评估的开展起到重要的指导和推动作用。在英国，1970 年代也出版了一些有影响力的关于后评估的著作，如苏格兰建筑性能研究中心的托马斯·马库斯（Thomas Markus）于 1972 年出版的《建筑性能》（Building Performance）一书，影响相当广泛。其他还包括 1969 年罗伯特·索默尔（Robert Sommer）出版的著作《私人空间：设计的行为基础》(Personal Space: the Behavioral Basis of Design)、1974 年出版的《紧密空间：硬的建筑及如何使之人性化》(Tight Space: Hard Architecture and How to Humanize It)，以及 1975 年爱德华·豪尔（Edward T. Hall）出版的《建筑界中的第四维度：建筑对人之行为的影响》（The Fourth Dimension in Architecture: the Impact of Building on Behavior）。可见，当时西方建筑界已十分关注建筑设计与人的行为之间的相互关系，使用后评估的开展正是与这些理论动向密切相关的。

在此背景下，1968 年西方建筑界成立了"环境设计研究协会"(Environmental Design Research Association, EDRA)，其成员包括建筑师、规划师、设备工程师、室内设计师、心理学家、社会学家、人类学家和地理学家等。1969 年在英国召开了首次建筑心理学研讨会。1975 年，美国成立了通用设施管理机构（Facilities Management Institute, FMI），开始对办公建筑的性能开展可测量指标的研究。自 20 世纪 60 ～ 80 年代，美国已对学生公寓、医院、住宅公寓、办公建筑、学校建筑、军队营房等建筑广泛地开展使用后评估研究，发展出一套关于数据收集、分析技术、主客观评价指标、评价模型及设计导则等方法体系，包括调研、访谈、系统观察、行为地图、档案资料分析和图像记录等一整套开展后评估的技术手段。

可以看到，后评估在西方国家的发展明显地契合于城镇化发展。在中国高速城镇化发展的今天，后评估工作有着直接关系到社会运转和民众生活的意义，可惜的是我们并没有系统性地开展这方面的研究，引进的国外著作也很不系统。例如《模式语言》这本建筑师人手一册的经典著作，从建筑策划和使用后评估的角度去看，其核心内容正是心理行为分析以及与城市和建筑环境的相关性，而这是在我们以往的研究与解读中常常被忽视的方面。

还有很多学会、协会成立了相关组织，出版了专门的期刊来推进使用后评估领域的研究和发展。美国的环境设计学会出版了《环境与行为》（Environment & Behavior），一本关于环境行为的专业杂志。另外还有《环境心理学期刊》（Journal of Environmental Psychology）。美国建筑师学会（AIA）的期刊中，也有专栏及专门板块用于研究建筑策划以及使用后评估问题。

此外，还有两个机构在这个领域起着关键作用。一个是 CRS 中心（CRS Center），这是全世界最著名的建筑策划研究机构，由威廉·佩纳（William M. Pena）的学生威廉·考地尔（William W. Caudill）建立，隶属于美国德州农工大学（Texas A&M University）。其工作内容包括对于后评估的研究及应用，在案例积累和工具研发上都处于此领域的前沿。另一个是美国最大的建筑工程公司 HOK，全美第二大室内设计公司，同时也是全美最大的建筑策划及使用后评估的实践机构。后评估领域的一个重要人物是沃尔夫冈·普赖策，他长期致力于研究和发展后评估的方法论，让使用后评估成为美国建筑师学会规定的必修专业知识之一。此外，他还创立了国际建筑性能评价协会。普赖策在其 2005 年发表的《建筑性能评价》（Building Performance Assessment）一书中谈到："用英国皇家建筑师学会的话说，消费者关注焦点中的最大进步是将反馈系统化并建立使用后评价。"普赖策与哈维·拉宾诺维茨（Harvey Rabinowitz）、爱德华·怀特（Edward White）联合发表的代表作《使用后评估》（Post-Occupancy Evaluation），是目前国内外公认的后评估研究的经典著作，在此之后的关于使用后评估的国外与国内的研究都是在这本书所建立的理论框架与方法论的基础之上发展出来的。

国内对于后评估的介绍与研究始于 1980 年代，其中比较有代表性的有吴硕贤、庄惟敏、徐磊青等人。

华南理工大学的吴硕贤教授从 1980 年代开始研究厅堂音质的评价方法，并在此基础上，扩大到对居住区生活与环境质量的使用后评价。1990~1993 年间，在国家自然科学基金及浙江省自然科学基金的资助下，对 4 个城市 17 个居住区居民进行居住区生活与环境质量使用后评价，发展了建筑环境综合评价的方法。吴硕贤的相关主要著作包括《建筑学的重要研究方向——使用后评价》、《居住区生活与环境质量综合评价》、《音乐厅音质综合评价》、《居住区生活环境质量影响因素的多元统计分析与评价》等。

清华大学的庄惟敏教授于 1990 年代初期系统地研究了日本住宅以及公共建筑的空间评价方法。随后，在清华大学率先开设了"建筑策划"课程，并将使用后评估与空间策划结合，发展出建筑策划的预评估（POE 的前馈）。

1999 年庄惟敏出版了《建筑策划导论》一书，结合建筑策划理论研究，系统地发展了以"语义差异法"为中心的建成环境评价方法，强调利用社会学的调查研究方法评价现状实态环境，收集建筑策划基础信息的重要性。2009 年，庄惟敏推荐并校对了介绍普赖策的经典著作《建筑性能评价》，对建筑性能评价进行全面细致的介绍。2016 年出版了《建筑策划与设计》专著，系统性地阐述了建筑策划及后评估的理论、方法与实践。

同济大学的徐磊青于 1995 年完成硕士论文《场所评价的理论与实践——以上海居住环境评价为例》，2003 年完成博士论文《城市公共空间的环境行为研究——以上海中心区的广场与步行街为例》。随后，在一系列实际项目研究的基础上，于 2006 年出版了《人体工程学与环境行为学》一书，介绍了如何在环境设计中应用人体工程学、环境行为学和环境心理学的知识。

四、后评估作为一个专门的知识体系

从后评估的发展历程我们可以看到，1920 年代开始的后评估尝试都是个案性质的，即针对某个具体项目展开，数据收集和分析也是聚焦于某一方面的具体问题，其目的是为研究目标建筑本身的改善提供依据。这种状况一直持续到 1960 年代，后评估作为一个独立的知识体系有了一个里程碑式的发展。随着大学和研究机构中建筑学学科自身的演进，以及各种相关案例、数据与经验的积累，后评估的视野逐渐涵盖了各种建筑类型，如工厂、住宅、学校、医院、监狱……在此基础上，随着从个案研究中获得的经验与知识的积累，凸显了后评估工作的意义不仅局限于弥补或修正以往建筑设计中的问题，更加重要的作用是可以对以后同一类型建筑的设计工作有所借鉴。而且，后评估的必要性不仅仅存在于那些甲方并非最终使用者的建筑。当对建筑的实际使用和需求开展系统性的研究的时候，我们发现即使在工厂、学校等业主即使用者的建筑项目中，由于没有对使用要求进行系统性的认识和整理，以及缺乏将其准确传达给建筑师的方法和工具，建筑落成后也会出现与预期效果之间的差距。所以，从这个角度讲，后评估的出现弥补了建筑设计过程中一直缺失的关键回馈环节。于是，后评估开始有了系统性的实践、方法和理论的总结，桑诺夫（Sanoff）和普赖策在1960年代末相继出版了关于使用后评估的专著。随着这些理论与方法的建立和实践与数据的积累，从这个时候开始，使用后评估逐步发展成为了一个系统性的专门知识体系。

1. 后评估作为一种关于设计的科学知识

现代知识体系是建立在现代科学范式之上的，也就意味着用一种科学的方法去获取知识，即一种收集事实、形成理论的方法，从而保证知识的科学性。这种科学方法通常以一个假设或者问题为出发点，通过搜集客观经验事实，进行分析与归纳，从而获得对于某个现象的新的知识。但是建筑设计就其自身的实践性特点来说，是天然不同于这种科学方法的。于是，建筑学一直努力在现代科学规范面前证明自身，并试图从自身实践中总结发现其形成知识的规律。兰纳夫·格兰威尔[7]（1999）曾经讨论过设计与科学之间的异同，并将其总结为以下四点：

1）设计超越了解决问题；

2）设计过程并非线性的；

3）设计超越了科学所使用的方法；

4）科学是一种严格定义的设计。

将设计设想为一种科学之上的知识的观点，有助于帮助从事建筑研究的学者确立自己面对现代严谨科学体系时的信心，但是这种雄心勃勃的说法却远远没有解决当下设计所面临的证明其学术性的问题。对于设计来说，要取得超越科学在人类获取知识过程中的神圣地位，还有很多的路要走。而后评估的出现，给了我们重新思考设计与科学关系的一个切入点。

科学知识是关于共识的，所有严格的对于理论和方法的规定，都是为了确保这种共识的合法性。但是设计与科学首先的不同就是，人们对于一个建筑的设计很难形成共识。"设计"（Design）这个词的含义就是来自于思想的、一种人脑的建构行为，这与科学建立在客观性之上的共识大相径庭。虽然两者都依赖于实证作为出发点，但无论是从作用、地位和严格性上来讲，实证经验在建筑设计中都远远没有达到在科学中的地位。

所以说，设计从起点开始，就不是获得共识，而是在综合客观条件与主观判断的基础上的、对于一个特定问题形成自己的理解，并在此理解基础上得出一个解决方案。因此，这个过程只追求自身逻辑的严密性，但并不以与另一个类似的逻辑系统取得共识为目的。因此，可以看到设计作为科学所面对的第二个问题就是，如何定义设计中的实证材料？面对同样的经验材料，不同的设计师会按照自己的判断给出不同的组合与方案。从这一点来说，设计更接近于诠释学，而非可量化科学。所有的工程的、力学的、材料的等知识，在设计师那里，只是成为构筑自己设计方案的素材，而对于这些素材的理解和应用是因人而异的。因此，可以这样来描述设计，设计是从对具体问题和场景的认识出发，以量化科学作为其知识储备，以诠释学的方式来获得对于特定任务的理解，并在其基础上形成的一种知识。因此，从研究方法上来说，设计是综合了实证研究与诠释学、规范性知识和个案性知识的一个学科。

2. 个案性（Idiosyncratic）知识中的规律性（normative）

在现代大学中，对于建筑学专业的理解一直存在着争议。在有些大学，建筑设计属于工科院系；而在另外一些地方，又将其划归于艺术学院之下。这种模糊性并不代表着对于建筑学科在科学性上的地位存疑。相反，它说明现有的科学知识体系还不能较好地定位类似建筑学此类跨越自然科学与人文科学的知识系统。

现代科学知识的对象已经不再是经典物理学范式时期的对于重复出现的规律的发现，还包括对于各种一次性事件和现象的理解，前者为自然科学，后者属于人文科学，历史、文学、艺术等都是属于后者。但是，现代学科的交叉对于这种划分也提出了质疑。建筑学的独特之处正是在于它既包括了对于工程技术等方面规律的认识，同时也包括了对于一个具体设计项目中美学、历史、社会等因素的个案性理解。因此，单独用自然科学或者人文科学的标准去衡量建筑学都是不充分的。

自然科学与人文科学的传统分野在于使用的方法是分析还是综合，研究对象是整体还是部分，研究目的是解释还是理解。而建筑学的独特性正在于兼具这两种不同类型的知识内容。以"解释"与"理解"为例，早在18世纪，狄尔泰已将这两者的对立看作是自然科学与人文科学的分界线。"解释"类的学科其方法论基础是分析哲学。分析哲学认为知识对象是细节，所谓"整体性认识"无从检验，因此难以成为科学知识，只有通过对于细节或者局部的分析才能得到可检验的、确凿的知识。而"理解"类学科的认识论基础是诠释哲学，其观点认为整体是可以被理解的，因为在我们的世界中有一些现象，局部的解释对其认识是没有意义的，只有从整体上予以把握。

不同研究方法的提出是因为对象的不同，因此对于人文科学和自然科学这两类现象人们也进行了总结。自然科学的目标是寻找事物和现象之间的一般性规律，它追求的是一种可重复的、规律性的知识，我们称之为规范性知识（normative knowledge）；人文和精神科学的对象是那些一次性的、不再重复的现象和事件，其研究获得的是一种个性的、一次性的、不可重复的知识，我们称之为个案性知识（idiosyncratic knowledge）。对于前者，普遍采用的是实证主义方法；而对于后者，需要的是一种"诠释学"的方法，例如：艺术品、历史、诗歌以及建筑（象征方面）都属于诠释学的对象，即追求对于事物整体上的把握与认识。

在人文学科与自然学科的这种二元对立中，建筑学的独特性展现无遗。

因为如此绝对化的二元划分不能包容更为复杂的知识体系。如同波塞尔[8]所说，"即便在人文及精神科学中，最终我们还是得用概念来把握那些个人的、一次性的现象和事件，而概念却具有一般性和普遍性。另一方面，自然科学中的解释总是以某个单一事件或现象为基础。就其单一讲，此事件和现象并不具有可重复性。"

建筑学恰恰兼具了一次性和可重复性两种类型的知识，在建筑学知识体系的发展中两者都起着关键性的作用。例如，就"解释"与"理解"两类知识而言，建筑设计行为本身是建立在理解之上的，包括对于任务书、场地、背景、社会框架等方面的理解，甚至对于完成后的建筑作品的解读也是如同对于艺术品的解读一样，属于一种诠释学现象。在这里，我们都是以一种把握整体的方式去认识建筑的背景和要求、建筑设计行为以及建筑作品的。不过，与此同时，所有支撑建筑物这个物质空间形体的科学知识，的确都是建立在现代数学、物理、计算机科学等方面的科学技术知识之上的。一个具体的设计作品是一个不可重复的诠释学对象，需要我们从整体上予以把握；而其中蕴涵的各种具体技术，是可以在所有建筑中运用的可复制的知识。

因此，在建筑学这个兼具人文与自然科学的学科中，一直以来有这两类知识在发展：一类是建筑学中规律性、可重复性的知识，通常通过教材与课堂等与自然科学知识相同的方法在传授；另一是个案性的、一次性的知识，通常通过一对一的、非课堂方式的设计课程来传授。前者是针对所有建筑适用的一般性知识，而后者是与具体场地、要求和灵感结合中形成的知识，不可能再适用于另外一个场景。

在实际建筑设计实践中，个案性知识需要与规范性知识结合，从而形成一种基于实践基础上的新的知识。例如：关于一所医院的某个具体设计方案不能直接适用于另一所医院的设计；但是，在设计的过程中，对于特定问题的认识以及解决与处理方法，有很多时候是可以为其他同类型项目所用的。遗憾的是，对于此类一次性知识中的规律性，除了我们所知的规范和设计标准等之外，并没有系统性的总结。而后评估作为一种新的研究方法，正是针对建筑学中这种新的知识类型的，从而对建筑设计具体实践中个案性知识进行系统化和规范化的总结，形成新的知识。

具体而言，后评估的作用在于，将建筑设计具体实践过程及成果中形成的整体性的、理解性的认识，运用分析和归纳的方法，进行系统化的总结与整理，从而可以将其运用到其他相似类型或场景的建筑设计实践中去，即将个案性知识予以规范化。从而将传统上建筑学中两类迥然相异的知识在设计实践中衔接起来，使得个案性知识得以规范化，并予以传递和发展。

后评估这种对于建筑学中个案性知识的规范化整理，包含着以下几方面要素：

1）对于每一个建筑项目的理解，包含了对相关各种具体情况的把握，以及在其基础上的综合，从而形成了对一个特定建筑个案的整体性认识，这是一种诠释学知识。

2）虽然一个具体的建筑项目的整体认识无法重复，但是这种认识是可以归类的，比如对于特定地理气候区、特定建筑类型、特定技术方法或者特定使用要求等。

3）个案性知识是可以通过以上的类型化方法予以分析和总结的，从而应用于下一相似类型或场景之中。这就如同对于同一个历史现象的不同版本的历史研究一样，通过相互对比与分析可以找到某种规律性。

3. 后评价作为系统化的"行动中的反思"

对于此类知识的获得，在方法论上也有"行动中的反思"理论予以支持。

以实证主义为最高原则的现代科学确定了一个关于科学理论及其应用的理想分工模式。研究工作的任务是负责发现新的理论，应用工作的任务是将这些理论应用于现实世界之中。所谓"职业"，就是在科学提供的技术支持之下解决实际问题的工作。因此，相对于"职业教育"，科学知识的传授通常被称为"高等教育"。支持职业实践的系统性知识具有以下四个特征：专门化、严格限定、科学性以及标准化。建筑设计就是这种实践在系统知识支持之下的职业之一，建筑学中的研究与实践也被纳入这种框架予以理解。

但是这种理论研究与职业实践之间理想化的分工并不足以应对人类丰富的实践，法律、医学、工程、建筑学等面对现实世界实际问题的学科纷纷进入高等教育，形成了基础理论研究之外的"应用科学"，为人类运用科学知识解决实际问题提供技术与方法。而在应用科学归化于自然科学的过程中，其理论与方法也接受了实证主义研究范式的规则，大家逐渐接受了一种"技术理性（Technique Rationality）"的思维模式，即：通过理论研究获得科学知识，然后通过应用科学研究形成技术，然后由职业实践将其应用于实践之中。但是，有一类科学知识由于不符合这种从理论到实践的范式，并不能够被科技理性所接纳，那就是在具体实践过程中所形成的科学知识。

我们知道，建筑师并非是先形成一个严格的认识并构思出一个完整的方案，然后将其表达在图纸上，对于问题的认识以及方案的形成都是在一个不断了解实际情况的过程中逐渐形成的。对于这种于不确定的、动态的和一次性问题的解决中所包含的研究行为以及所形成的知识，绍恩（Schon）提出了"行动中的反思"（reflection-in-action）的理论予以正名。绍恩认为，此类行动中的反思所形成的理论同样是一种科学知识，只是其建立与验证的过程有所不同，对此我们要打破传统的"技术理性"思维，形成一种特殊的基于实践的科学知识方法论。"当一个人进行行动中的反思时，他成为了一个具体实践中的研究者。他不依赖现成的理论与技术，而是在一个独特案例中建立了一个新理论。他的目标不是为一个明确定义的目的寻找解决手段。对他而言，目的和手段是不可分离的，相反，他是在两者的互动之中来确定一个待解决问题的场景；思考和行动是不可分离的，他在推演中做出决定并最终转化为行动。因为他的实验方法就是行动本身，所以问题的答案就藏身于研究行为本身之中。因此，由于不受传统科技理性的约束，即使实在情况不明或者问题独特的情况下，'行动中的反思'也能够得以进行。"[9]

建筑设计教育中的设计课程就可以认为是这样一种在行动中认识问题形成知识的特别教育模式，而与大学教育的常规模式明显不同。在设计课中，通常通过一个真实的或者虚拟的设计任务，让学生在了解场地和任务的同时，学习相关的知识，最终形成一个设计方案，来解决自己发现和定义的问题。这是一个开放的、在问题和方案两个维度上认识并行推进的过程，是对"行动中的反思"这种知识形成方式的训练。

但是，如果说建筑设计中有许多知识是形成于具体的建筑设计过程之中，而具体的设计实践只有在实际的建筑设计工作中形成，那么我们就面临一个问题：由于研究和实践的分工，如何使得具体项目设计实践中的知识系统性地回馈到研究与教育之中？如何系统性地使得这种基于"行动中的反思"的知识得以在建筑师之间分享和传播？

我们认为，后评估就是这样一个将个案化的、分散的"行动中的反思"的知识予以系统化的工作。如同维尔伯特·摩尔（Wilbert Moore）[10]所说："如果所有的职业实践遇到的问题都是独一无二的，那么其答案最多也只是偶然性的，从而与专业知识无关。我们认为，与此相反，在各种纷繁的问题与各种解决方案之间，存在着足够多的相似性，从而使得解决问题之人能够被称为专家……所谓专家就是将总体原则和标准化的知识应用于具体问题之中。"

后评估正是这样一个从纷繁的个案及其解决方案中凝练出总体原则和规范化知识的过程，从而使得此种"行动中的反思"中形成的知识，可以在大学中予以传授，在同行之间予以交流。要做到这一点，我们必须打破传统"技术理性"的思维，将具体实践及其知识化的成果整合到研究和教育之中。"行动中的反思"理论已经为我们提供了此类知识的方法论，中国当前的新型城镇化建设为我们提供了充足的实践机会，对于后评估方法与标准体系的建立，正是大有作为的时机。后评估工作的开展必将为结合中国具体的建筑实践，推进建筑学理论与知识体系的发展做出重要贡献。

4. 重新定义研究与实践的关系

绍恩的研究发现，当我们摒弃了对于职业实践和知识的传统态度，接受了"反思中的行动"这种在实践中形成知识的理论，那么职业实践可以被看作是一种"反思性研究"，这种反思性研究的特点是："研究在特定的实践场景中触发，在现场得以执行，直接引发相应的行动。在这里，不存在研究与实践的互馈，也不存在研究结果的应用问题，因为研究行为进行的同时就在改变着研究对象。在这里，研究与实践的关系是即时性的，而反思中的行动就既是研究结论也是其具体应用。"

这种反思性研究打破了传统研究与实践关系的理解，重新定义了研究与实践的关系。在传统模式中，科学负责研究形成技术，职业实践负责将技术应用于具体工作之中，这是一种单流向的、实践被动等待研究的模式。而在反思性研究中，知识产生于实践过程之中，研究者不再对实践保持一种居高临下的距离，而是直接投身其中。因此，研究与实践的传统分野在反思性研究中得以融合为一。

绍恩认为反思性研究包含四种类型：[11]

1）对于问题的界定分析：界定目标问题和实践者的角色和任务。

2）问题智库的建立：虽然问题有可能不符合任何现有理论、模型和技术，但是仍然可以寻找到类似的场景与案例，并通过相关案例的积累寻找独特问题之间的相似性。

3）行动科学：关于行动中的反思的基础理论与方法研究。

4）行动中的反思的过程研究：此类反思性研究的知识获得过程。

对于前策划后评估这种针对具体建筑和城市场景，解决特定问题的工作来说，很显然，前策划就是第一类反思性研究，即对于问题的界定与分析；而后评估则是一种对于问题和案例相关经验的系统性积累，形成相关的知识储备，从而可以应用于今后具有相似性的场景，属于绍恩所定义的第二类反思性研究——问题智库的建立。因此，可以说前策划后评估是完全符合"反思性研究"特点的研究工作，并且是"反思性研究"类型中非常重要的、与具体实践直接相关的两个环节。两者的开展必将推动中国应用科学和职业实践领域的发展，并弥合传统的技术理性观念带来的研究与实践脱节的现象。

第三章
"前策划、后评估"的程序与方法

一、大型公共建筑后评估的目标与价值

公共建筑的使用后评估旨在通过评估建成投入使用的建筑性能以及使用者的感受，进而判断建筑物设计的预期目的和真正建成后的结果之间的响应度。从更广泛的角度来看，公共建筑使用后评估具有多种多样的目的和运用方式。首先，公共建筑的后评估能够对建筑本身建成时进行即时反馈，进而立刻解决出现的问题；其次，可在建筑试用期间进行考察，以便修正问题，避免在正式使用时出现状况；最后，通过一段时间的持续反馈，可不断对建筑及其使用进行平衡和微调。从更长远的发展来看，对同一类型建筑的某一方面的性能，比如空间使用、功能安排等进行审计和调查，对建筑性能的优劣进行记录，有利于新建建筑和对现存建筑进行改造时的方案调整。此外，公共建筑工程后评估的研究成果，能够对设计标准的调整和建筑行业指导规范的更新提出有益的意见。

根据客户的不同目标以及适用的时间长短，公共建筑后评估的运用和价值可以分为短期价值、中期价值和长期价值三个方面[12]。这里需要说明的是，短期、中期和长期只是代表了使用后评估影响的时间段，并非一定和研究深度成正比。比如，在短期价值的评价中，如果建筑物的某些性能无法被简单评判，则需要提高使用后评估在这一方面的研究深度。

公共建筑后评估的短期价值主要体现在经验反馈方面。包括：1. 对机构中的问题进行识别和解决；2. 对建筑使用者利益负责的积极的机构管理；3.

提高对空间的利用和对建筑性能的反馈；4. 通过积极参与评估过程以改善建筑使用者的态度；5. 理解由于预算削减而带来的性能的变化；6. 明智的决策以及更好地理解设计方案。

公共建筑后评估的中期价值集中体现在通用调查方面。包括：1. 调查公共建筑固有的适应一定时间内组织结构变化成长的能力，包括设施的改建和再利用；2. 节省建造过程以及建筑全生命周期的投资；3. 调查建筑师和业主对于建筑性能应负的责任。

在长期层面，公共建筑后评估的价值主要体现在对同类型建筑的效能评价上。包括但不限于：1. 长期提高和改善同类型公共建筑的建筑性能；2. 更新设计资料库、设计标准和指导规范；3. 通过量化评估来加强对建筑性能的衡量[13]。

二、从使用后评估（POE）到建筑性能评估（BPE）

1. 建筑性能评估的发展

建筑性能评估（Building Performance Evaluation, 缩写 BPE）是对使用后评估（POE）在建筑生命周期各个环节上的拓展和发展。使用后评估关注的主要是使用者对于建筑物性能的体验和感受，它在时间顺序上关注的仅仅只是建筑投入使用之后的性能的各个方面，而之后发展的 BPE 则是在此基础上将对建筑的评价和反馈扩大到了建筑全生命周期各环节的各个方面。这意味着评估的对象不再仅仅是落成的建筑物和设施本身，同样还有之前的各个环节中的组织因素、政治因素、经济因素以及社会因素等。可以说，以过程为导向的评估是建筑性能评估（BPE）的发展来源，同时也是其主要理论框架[14]。

普莱策(Wolfgang Preiser)教授在《建筑性能评估的整体框架》一书中指出，

建筑性能评估（BPE）的框架包括对建筑全生命周期中六个主要阶段的评估，分别是城市规划（设计）、建筑策划、建筑设计、建筑施工、投入使用、建筑再利用（图3-1）[15]。虽然六个环节评价方法各不相同，但均结合了各个环节的职责和特色，分别从操作者和使用者的角度对建筑设施、使用者满意度以及环境可持续发展等方面进行比较分析。

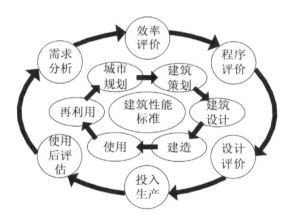

图 3-1 建筑性能评估过程模型（资料来源：译自《Assessing Building Performance》）

当前，随着可持续发展理念的深入人心，世界上各个国家开始重视对绿色生态这一特定方面的分析和评价，并在使用后评估和建筑性能评估的基础上，深化发展了一系列绿色建筑生态评价体系和标准，主要关注建筑投入使用后在能源、技术、环境影响等方面的量化指标，并以此对当前绿色建筑的发展起到了极大的影响。

可以看出，随着专业化分工的越来越细，人们已经难以从一个综合的体系上对建筑性能和全生命周期的种种环节进行全盘评价。而目前，对建筑策划这一重要的先遣环节进行预测评价，则是一个日益重要的专门领域。

2. 建筑全生命周期的分阶段评估

建筑性能评估的目标是改善建筑性能，包括建筑设施及建筑环境的可持续发展。它关注的是对建筑全生命周期中的各个阶段进行的分别的评估，使得反馈的过程更加具有针对性。建筑的全生命周期的六个阶段是一个循环的信息流和物质流的过程。在这个过程中，各个环节紧密联系而互相影响。相比起使用后评估而言，建筑性能评估将建筑预期的标准的内容进行了细化，并对应到生命周期的各个环节之中进行前后的比较。

第一阶段是战略性规划的效率评价。这个环节中的效率评价主要关注部门管理者的预期同实际使用者的反馈之间的比较；第二阶段是策划程序评价，要求建筑策划需要建立在来自于战略性规划阶段的前馈，和来自于过去已使用的项目和设施的评价的基础上，只有被设计者接受的策划，才能够实现其目的；第三阶段为设计评价，这也是在前两个阶段之后，设计师真正给出解决方案的阶段，这一环节的设计评价强调的是各方利益群体的互动，其中包括设计师、客户、使用者、评价团队、管理方和建设方等，建筑设计师需要寻求能够满足各方要求的设计构思。

接下来的第四阶段是建造过程的评价，这是保证建筑质量的重要环节，主要参照其他建筑物和已有的评估标准，评价试运行的具体性能；第五阶段即建筑的使用后评估，这一环节为建筑物的反馈和对今后建筑过程的指导积累了重要的经验和资料；最后一个环节是再利用环节的市场需求评估，关注的是寻求建筑改造和再利用中的重要性能及相关信息。

上述六个环节评价方法各不相同，但具有共通的意义和目的，即均结合了各个环节的职责和特色，分别从操作者和使用者的角度对建筑设施、使用者满意度以及环境可持续发展等方面进行比较分析，进而对建筑全过程的各个环节进行有效的指导。

3. 对我国建筑开展"前策划、后评估"工作的借鉴

目前，我国尚未形成完整系统的建筑全生命周期过程评价。对公共建筑的评估工作主要集中在绿色建筑性能评估、建筑工程评估、专项性能评估（如消防、交通、环境影响等），以及对建成建筑的检查评估修复工程等。这些环节各自独立，并未形成共同的完整的评估体系。建立"前策划、后评估"的闭环，一方面有利于专业人员在建筑设计的各个环节树立共同的基于性能和使用者需求的价值导向，从而更有效地指导建筑设计及其施工建设；另一方面，能够促使管理者不仅关注建筑性能的技术维护，更关注对使用者满意度和需求的考虑，进而转向对公共建筑可持续发展的综合考虑。

三、预评价——建筑策划与后评估的结合

1. 预评价的需求与定位

建筑策划在建筑创作和建造过程中承担着承上启下的作用，其研究领域具有双向的渗透性。一方面，它向上渗透于城市规划与设计的立项环节，需要将社会、环境、经济等宏观因素对实体空间的要求在设计中得到体现，并以此分析设计项目的定位、目标、规模和性质；同时它又直接指导建筑设计的环节，在空间规模、内容、基调等方面进行研究和概念设计。赫什伯格认为，"建筑策划是对一个客户机构、设施使用者以及周边社区内在相互关联的价值、目标、事实、需求全面而系统的评价"。这句话简明扼要地阐述了"策划"与"评价"工作之间的联系。

伴随着我国经济的快速发展和城市社会的不断转型，建筑策划需要依托越来越多的社会经济实态调查，以及对同类建成空间进行分析，以此来反馈修正策划过程中对空间的预测。过去的十几年，在国内各种项目的建筑策划

31

研究过程中，内外部条件调查和对空间构想的评价反馈均有体现，但由于缺乏明晰的导向和操作框架，调查和评价工作往往容易出现重复劳动以及对信息的分析得不到良好应用等情况。面对这些问题，需要在制定任务书的过程中，强化对其所策划空间的预估评价这一环节，并对其定位、评价内容、具体操作程序和方法等方面进行完善，以此提高建筑策划的工作效率、科学性和准确性。

在建筑策划中对同类信息进行收集、分析和评价，并以此反馈和预测策划信息生成环节，是一个循环的过程，可以称之为在策划中的空间"预评价"。建筑策划的预评价过程涵盖了两个领域范围（图 3-2）。第一个领域同建筑策划中的外部条件和内部条件实态调查环节相关联，通过对建设项目目标展开调查初步确定建设项目的规模、定位、性质等和社会相关的宏观因素，比如医院设计策划，需要从医疗市场、医院定位、目标客户、空间指标、学科发展、选址、投资、分期等多个方面综合调查医院的条件，并且需要通过对已有的各种医院建筑的相应方面进行分析，为下一步的构想提供评估参考。经过初步定位，在同类建筑使用后评估参考下，需要结合各方面的因素得出初步的空间和技术构想，因此，第二个领域则关注对构想的结果与可行性进行的预测和检验。

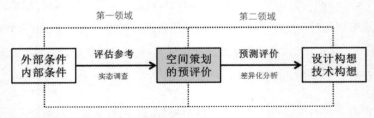

图 3-2 建筑策划中预评价环节的领域

　　笔者在专著《建筑策划导论》一书中提出建筑策划的两个基本思想，一是对建筑环境的实态调查，取得相关的物理量、心理量；二是依据建筑师自身的经验将调查资料建筑语言化。应对于此，建筑策划中的预评价环节也具有不同的作用。如图 3-3 所示，预评价环节实际上是一个"评价—预测—再评价"的反馈和修正过程。传统的使用后评估程序为建筑策划提供了同类相关建筑的基本参考信息，但是作为输入，并不是完全的照抄照搬，其关键点是对同类建筑的评价结论同建筑策划目标之间进行的差异化分析，通过差异化分析，对已有的建筑的评价结果进行提炼和修正，在此基础上对建筑策划的项目构想进行预测和再评价。

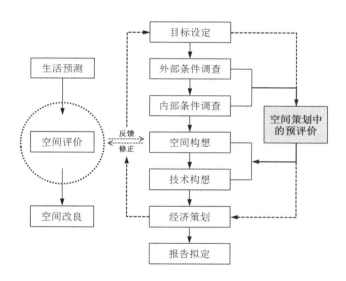

图 3-3 预评价对建筑策划环节的反馈

　　《礼记·中庸》中提到，"凡事预则立，不预则废"，这是对策划程序中的"预于先、谋于前"这一环节的最佳注解。在实际应用中，回顾建筑策划程序的种种环节，如外部条件调查、内部空间调查、空间构想、技术构想等，都是在不断的循环反复修正直至时间允许范围内的最佳效果。在这一过程中，

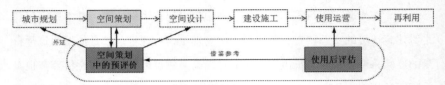

图 3-4 使用后评估及建筑策划中的预评价的定位比较

建筑策划中的预评价需要从这个步骤中独立开来，以便于能够随时反馈到任一环节；但是同时，又需要和各个环节进行紧密的配合（图 3-4）。可以看出，建筑策划中的预评价是在建筑策划的程序中生活预测、空间评价、空间改良的基础上的整合和深化，它直接对应于条件调查和空间技术构想等几个主要环节，但是同时，它由建设项目的目标所决定，并且影响到对经济策划的预测和评价。

因此，通过作用于建筑策划这一过程的种种环节，预评价对实态调查、空间评价等过程进行梳理和明晰，能够提高各个环节工作的效率，进而通过反馈修正提高建筑策划的合理性。与此同时，建筑策划正日益成为建筑全生命周期中和其他环节紧密相连并互相渗透的一环，在这种情况下，建筑策划中的预评价的研究成果不仅能在建筑策划环节内部起到很大的作用，并且对建筑全生命周期的各个环节都将产生巨大的推动作用。对于城市规划和项目立项，建筑策划中的预评价同时也是对城市设计的目标和模型的一个反馈修正；对于下一步的建筑设计过程，建筑策划中的预评价能够更好地明确建筑设计的方向，指导其趋利避害，以尽可能地保证合理和人性化的设计。

2. 预评价与使用后评估的比较

随着设计事业的发展，使用后评估逐渐成为专门针对建筑使用后的空间等各方面性能进行评价的一个程序。从建筑全生命周期的角度来看，使用后评估是作为和建筑策划并列的环节存在的，主要关注经营运营的效果。而建筑策划中的预评价是策划的子环节，两者在操作的过程中分属不同的周期，并应对于不同阶段，操作对象也截然不同。使用后评估的操作对象是已经建成投入使用了一段时间后的建筑物，是一个真实的存在，可以通过实态调查等方法手段来获得建筑物性能的各个方面的有效信息；而预评价的操作对象则是当前建筑策划环节中的策划构想，通常是概念构想或设计方案，因此需要参考此前已有的同类建筑的使用后评估的结果，对方案进行预测模拟与评价。

策划中的预评价和使用后评估在作用和程序上具有类似性：建筑策划中的预评价的基础来源于以往同类建筑的使用后评估，并依次对建筑策划的构想进行预测评价；而使用后评估的功能之一也是为今后的同类建筑的策划设计提供依据。但是这两者又有各自独立的不同点：建筑策划中的预评价更侧重于对建筑策划的概念构想的修正和反馈，同时外延扩展到城市规划和建筑设计的预测评估；使用后评估重在反馈，而非预测，评估的结果除了为策划提供参考之外，还有反馈当前建筑问题，以及远景的规范资料修编等。可以说，在建筑策划中，使用后评估起到了提供参考依据的作用，而预评价则是将这些参考依据和构想模型联系起来的纽带。

建筑策划中的预评价与使用后评估环节比较 表 3-1

	建筑策划中的预评价	使用后评估（POE）
定位	建筑策划过程中的一个环节	建筑物投入使用之后
对象	建筑策划的构想模型	当前投入使用的建筑
目的	对当前的建筑策划的空间构想进行反馈修正	反映现有问题，为下一步策划提供参考，完善建筑规范标准
内容	参考同类建筑的使用后评估结果，针对策划构想的空间性能	针对已建成建筑的建设、经济、社会、管理等各方面进行评估分析
操作者	建筑师和策划师为主	使用后评估机构

　　由于定位不同，使用后评估和建筑策划中的预评价环节的功能和目的也有差异。表 3-1 对二者的不同点进行了梳理和比较。从内容上看，由于二者从本质上来说都是对建筑使用后情况（无论是真实的还是模拟的）的评价分析，预评价的内容借鉴了使用后评估的分类，即包括使用者、建筑性能、设备装置三大方面。然而，后者的目的不仅反馈于建筑领域，同样还反馈于经济、设备、管理等方面，因而评价内容广。相比之下，预评价环节的研究内容更具针对性。因而在其具体内容中，结合策划中的外部条件调查，增加了社会文化一项，主要考虑城市规划的政策目标需求；在空间构想的预评价中加强了空间、功能、行为、感观等方面的分析；在技术构想方面则主要偏重于技术策略的采用，对于具体工具和系统的运行性能则不在策划的范畴之内。

　　因而，虽然使用后评估为建筑策划中的预评价提供了内容和技术方法的参考借鉴，其分析成果也是保证预评价合理客观的必要条件之一，我们仍要看到预评价在建筑策划日益重要的当下所具有的独特性。只有在不同的定位范围内，二者各司其职，才能够不仅让建筑策划运行顺利，还能保证建筑全生命周期从城市规划到最后投入使用运营和再回收利用的这个循环过程的良性发展。

　　3. 预评价在中国建筑策划实践的意义与应用

　　数往知来，建筑策划在我国经历了数十年的发展，经过学术研究、专家探索和市场实践，已经取得了令人瞩目的成果。但是，建筑策划领域不论是在理论还是实践领域都还发展得不够完全成熟，有待更多的研究和思考对其进行补充和完善。建筑策划中的预评价的提出不仅影响建筑策划内部的构想修正，同时它的通过预测和评价来反馈原有构想的主导思想也同样适用于对城市设计、经济评价、建筑设计等不同领域的反馈和自我修正，进而有利于建筑的全生命循环周期朝着良性的方向发展。

与此同时，在跨学科领域发展的影响下，建筑策划中的预评价也变得更加社会化和综合化，具有更加广泛的外延领域，涉及包括建筑物理、心理、社会、经济、政治等等性能在内的各个层面，所以，和使用后评估一样，能够完成并且操控预评价的操作者也不是局限在建筑师这个有限的专业团队里面。在使用后评估领域，目前国外不少城市均成立了使用后评估机构，从更为专业并且广泛的角度对建筑使用后性能进行分析，并将其成果转化为各个环节的专业人员所用。建筑策划领域也需要对其内核预测环节进一步加强，通过建立专家咨询平台，将实地调研所得与社会经验相结合，切实有效地进一步完善对建筑策划概念构想及程序的反馈与修正。本书在第四章中将具体介绍发达国家和地区关于使用后评估的实践、研究、实务与教育进展。

四、使用后评估的操作流程及层次

1. 使用后评估的具体操作流程

使用后评估（POE）是一个具体的多步骤的操作过程，目前已发展出高度实用的具有可操作性的步骤流程。具体可分为计划阶段—实施阶段—应用阶段三个环节[16]。其中，计划阶段的主要任务是为使用后评估的启动和组织提供指导（表 3-2）；实施阶段的任务是收集数据并展开分析（表 3-3）；应用阶段负责发现问题、判识结论、提出建议并最终回顾所采取的行动（表 3-4）。

使用后评估的计划阶段   表 3-2

	步骤一：探察和可行性	步骤二：资源计划	步骤三：研究计划
目的	启动使用后评估项目，为客户希望的评价内容建立符合实际的参数，决定项目行动的范围和成本，并制订合同协议	为了有效实施评价，组织必要的资源，这些资源包括报告结果和应用结果，并与客户在各个层面上展开沟通	制订一个研究计划以确保获得合适的和可信赖的使用后评估结果，为建筑建立性能标准，确定数据收集和分析方法，选择适用的使用仪器，为特殊任务分工，并设计质量控制程序
要点	清晰地理解使用后评估的发展过程、信息要求和客户责任，在评价者和客户之间建立合作研究的关系。对建筑和业主的信息进行把关，并协助决定评估的范围和获得必要的资源	制订管理计划，包括人员、时间和资金的分配，以确保及时获得研究结果。同时，从各层客户群体获得支持，并建立共同运作的机制，以求目标能达成一致，保证评估结果得到认同和支持	保证连接项目资源以及使用后评估过程结果的质量及有效性。通过在实际建筑测量数据和所要求的条件之间进行比较，进而制订出性能因素的标准。探察出来的初步数据被用于发展整体的研究计划，包括数据收集、取样和分析方法
行动（工作内容）	·发展与客户的接触； ·讨论可供选择的使用后评估操作层次； ·确认所要联络的人员； ·了解客户组织结构； ·探察要被评价的建筑； ·决策建筑文件的可用性； ·确认建筑的重要变化和修缮状况； ·访谈各重要人物； ·执行合同协议	·从参与使用后评估实践的建筑使用者那里获得一致意见； ·确定项目变量参数； ·发展工作计划、组织计划和财政预算； ·向客户组织提出资源计划； ·组成使用后评估项目队伍； ·发展最终报告的初步概要	·确认各种客户组织文件的档案资源； ·确认预期参与者或被访者； ·与客户组织中潜在的被采访者进行接触； ·授权拍照和调查； ·向客户提供研究计划概要； ·制订研究任务和人员计划； ·开发研究所使用的仪器； ·持续发展评价报告概要； ·分类和制订评价服务的性能标准

	步骤一：探察和可行性	步骤二：资源计划	步骤三：研究计划
资源	·陈述使用后评估过程； ·找到可用的借鉴条例，如在特殊建筑类型上的研究标准； ·相关评价经验； ·使用中的建筑状况； ·组织结构； ·关键人员的信息； ·建筑设计文件； ·使用后评估合同文本	·该建筑类型的使用后评估资料； ·各种建筑文件、计划和规范； ·客户代表/预期的访谈者； ·客户组织的行政管理程序； ·合同方过去的各种使用后评估资料或报告； ·项目人员名单； ·使用后评估方法和使用的仪器； ·最新的文献资料检索	·基于计算机的信息资源； ·与政府机构和大型建筑组织相关的设计指南和标准； ·数据收集和数据分析以及使用的仪器和方法； ·目前使用后评估项目资料； ·确认研究建筑的相关人员信息； ·客户组织以及与项目相关的资料和文件
成果	·项目建议； ·使用后评估合同协议； ·启动资源计划	·使用后评估项目的组织计划； ·财政预算的细目分类； ·最终报告的逐级概要； ·对所要访谈人员进行的访谈主题的认可； ·启动研究计划	·建筑历史描述； ·记录数据设备； ·记录数据表格； ·现场数据收集的初步组织计划； ·最终研究计划； ·建筑类型的性能标准； ·建筑图册标注； ·技术功能和行为性能标准； ·受访客户列表； ·对项目人员的任务分配； ·确定分析方法； ·启动现场评价

使用后评估的实施阶段

表 3-3

	步骤一：启动现场数据收集过程	步骤二：监督和管理数据收集程序	步骤三：数据分析
目的	为现场使用后评估的行动组织评价团队和客户；调整使用后评估的时间和位置	确保适宜、可靠的数据收集	分析数据，为确保可靠的结果，监督数据分析行动
要点	使用后评估的启动包括对后评估的人员、使用设备和场地的确定，以及与使用者联络两个方面	确保数据的有用和可靠。实际的建筑性能测量主要依赖于数据收集和记录的认真程度，因此要求对数据的收集进行持续监控	数据收集的可靠性是关键。完成数据分析后，主要任务是整合离散的结果，将它们转换成有用的数据模式，并指出其中各个要素之间的关系
行动（工作内容）	·协调管理者和使用者； ·使用后评估队伍的建筑定位； ·实际运作数据收集程序； ·在与数据收集相关的观察者中进行可靠性检查； ·设定使用后评估的工作范围； ·准备分发数据收集表格； ·准备和校准数据收集设备和要使用的仪器	·与客户组织保持联系； ·分发数据收集的使用仪器，如调查表； ·收集和整理数据记录表； ·监控收集程序； ·录入使用后评估过程	·数据登录和整合； ·数据处理； ·检验数据分析结果； ·解释数据； ·深化已有的发现； ·构成分析结果； ·完成数据分析
资源	·供给和材料的准备； ·设备和使用仪器； ·确认建筑中的被访者	·建筑管理和维护人员； ·客户组织中的被访者； ·研究人员； ·顾问	·数据分析程序和设备执行标准； ·数据分析顾问； ·研究人员； ·辅助数据解释工具
成果	·最终修正数据收集计划和程序； ·通知使用者进行现场数据收集； ·启动现场数据收集	·粗数据测量成果	·数据分析 ·数据解释

使用后评估的应用阶段

表 3-4

	步骤一：报告发现	步骤二：建议行动	步骤三：回顾结果
目的	报告使用后评估的发现和结论，应对客户的需求和期望	为实时反馈和前馈制定建议，引出使用后评估的发现和结论	在建筑的全生命周期中监督相关建议的执行情况
要点	为客户提供报告以及使用后评估的结论，以便客户理解使用后评估的各种结果	要求与客户继续讨论和分析所提建议的发展和权重问题；发展可选择的战略，并检测每一个使用后评估的成本和效益；这一步确保为客户启动最恰当的行动	监督这个建筑的性能标准以确认使用后评估过程的完整性，并对客户的直接效益进行检查
行动（工作内容）	·对所获得的发现与客户进行初步讨论； ·进一步把所要陈述的内容格式化； ·准备报告内容和其他的陈述； ·由客户组织对发现进行正式的回馈；	·与客户和建筑使用者回顾项目的发现和需求； ·选择分析策略； ·各种建议的权重； ·执行建议的行动	·与客户组织联络； ·定期地回顾和监督所执行的建议； ·报告所评价建筑和随后的建筑变化的操作结果
资源	·客户和联络人员； ·最近的使用后评估项目资料； ·以前的使用后评估资料和报告； ·研究人员信息； ·设计的图解设备和供给； ·编辑以及图形方面的顾问	·客户组织的设施、运行和管理； ·确定建议权重的技术； ·研究人员的信息； ·最后的项目报告	·联络客户； ·当前的使用后评估项目文件； ·最终的使用后评估报告； ·使用仪器和调查
成果	·文件化使用后评估的信息； ·由客户正式批准最终的报告； ·出版最终的报告； ·贯彻执行使用后评估提出的建议	·确定优先战略和建议； ·建议的实施； ·确认在某一范围内所需要的附加研究	·完成项目文件； ·为客户、建筑师、业主以及物业管理者分发基于使用后评估设计的研究成果

2. 使用后评估的三个类型

基于评估的时间、资源、特性、深度和广度等方面，与建筑使用评估的短期、中期和长期价值相对应的是三种不同类型的使用后评估：描述式使用后评估、调查式使用后评估和诊断式使用后评估。由于目标的不同，其操作过程和周期也不相同。[17]

描述式使用后评估用于快速反映建筑的得失，为使用单位和组织提供及时改进的依据，主要目的是揭示建筑设施存在的主要问题，是一个短期的评价行动；调查式使用后评估的目标是为建筑性能方面更细节的问题提供深入调查，为建筑师、业主和相关组织提供更加具体和详细的改进建议，它所研究问题的范围较广、内容较深，是在得知建筑设施的主要问题后对细节问题的进一步研究，是一个中期的评价行动；诊断式使用后评估是对建筑性能提供全面综合的评价，它不仅为建筑师、业主和相关机构提供改进建筑设施的建议，而且为改进现存的建筑标准提供数据和理论支持。它研究问题的范围更广，并提供建筑规划、策划、设计、建造和使用指南，是一个长期的评价行动，花费也最大，往往需要通过政府机构进行组织。

这三种评估系统不是逐一进行，而是针对不同的需求水平而各自独立进行。比如调查式使用后评估的评估内容和方法不包括描述式评估在内。下文就三种类型的使用后评估逐一进行介绍。

3. 描述式使用后评估

描述式使用后评估正如它的名字所代表的那样，它主要是对所评估的建筑物的性能的优劣的陈述，这种类型的评估方式通常需要的时间很短，一般是2、3个小时到一两天，当然，前提是评估系统对于建筑物的性能和其建造过程方式，以及所要评估的方面比较熟悉。一般来说，描述式使用后评估中有四种基本的数据收集方法：

档案和文件记录的评估。在评估的过程中，应该尽可能地收集分析建筑物的施工图纸，此外，最好还需要空间利用时间表、安全记录和事故记录以及其他任何相关的历史建筑图纸如设计图、现状图、修缮记录等。

有关建筑性能问题的问卷。在参观实际建筑之前，评估机构向建筑管理机构提交一个关于建筑性能各方面评估的问卷，通常这些设备管理者和建设方都是空间设计和建筑性能的操作者，他们的回答也能够反馈建筑性能的一定的问题。问卷一般会包括从技术到环境等方面的问题，此外，还有包括功能构成，行为模式，心理感受等对建筑性能主观臆想的评估。通过问卷调查不仅仅是为了发现建筑性能中存在的问题，同时也能够了解建筑建设过程以及投入使用后的满意之处并吸取它们的成功的经验。

观察式评估。在完成管理部门对关于建筑性能的问卷调查反馈之后，下一步要进行的则是观察式评估，即评估者需要通过直接的观察建筑物，或者至少通过照片来评价建筑物的性能中一些不易发现却是十分重要的信息。通常要完成对一个建筑物的全面的观察式评估大概需要几个小时的时间。

深度访问。通过对建筑负责的相关人员的访问，以及听取客户代表的汇报，是对实地调查的一个总结。随后，评估者向建筑设备管理者和建设方，以及用户提交一份关于建筑优劣性能评估的总结，作为证明和今后的反馈参考。

4. 调查式使用后评估

当描述式使用后评估确定出建筑的物理性能或者使用者反馈的某一部分需要进行深一步地调查时，通常需要进行调查式使用后评估。相比起描述式使用后评估，调查式使用后评估需要更多的时间和更多的资料。前者结果强调的是对主要问题的鉴定，而调查式使用后评估则是在更广范围的建筑性能方面给出了更深层次并且更加可信赖的分析和评价。

调查式使用后评估花更多的时间在实态调查上，而且所搜集的数据资料更加丰富复杂，应用的分析技术手段也更加先进。在描述式使用后评估中，评判建筑性能好坏的标准有相当大的一部分是基于评估者或者评估机构自身的经验，但是在调查式使用后评估中，评估机构进行评判性能的标准更多是基于客观而且明晰的相关规范准则。在进行评估实地工作之前，评估机构需要明确所要评估的建筑的性能标准和内容（比如物理性能方面的声学、能源、安全性能、照明、环境心理方面的意向、感观、环境感知、行为模式等等）。这种评判性能的标准的建立通常需要至少两种方法：一种是对当前建筑类型的相关理论文献的阅读了解和评价，另一种是同当前相似类型的建筑设备性能的评估。通常来说，进行调查式评估需要的时间约为三到四周的时间，此外还需要考虑额外的留给团队筹备评估准备工作的时间。

5. 诊断式使用后评估

诊断式使用后评估是三种评估类型中最为综合、复杂、深入的调查评估，由此产生的意义也是最深远的。通常来说，诊断式使用后评估的策略是由多种方法组成的，其中包括了问卷调查、民意调查、深度访谈、介入式观察、物理性能测量、大数据分析等等。这些不同的方法分别适用于对不同建筑性能方面的衡量上。诊断式使用后评估的作用和意义不仅是为了提高某个建筑的性能，而是为了长期的某种建筑类型的规范和标准的需要，所以它需要的时间也最长，大概为几个月到一年的时间来完成完整的评估鉴定，它的操作方法和传统的科学案例研究的方法十分类似。

一般来说，诊断式使用后评估的对象都是大尺度的公共建筑工程项目，它包括了很多复杂可变的部分在内，而诊断式使用后评估的目的之一，便是了解并分析不同复杂可变的部分之间的关联和联系。因此，诊断式使用后评估在搜集数据资料和分析技术等方面采用的方法都比描述式使用后评估和调查式使用后评估更加先进和复杂。

在诊断式使用后评估中的关于物理性能、环境性能、行为性能三者之间的关系的研究已经成为了一门专门的课题，因而，对建筑性能做出更加公正准确的预测方面具有很大的发展潜力，同样，诊断式使用后评估还能够在提高设计导则和标准方面提高相关建筑类型的性能标准规范。

五、后评估的方法和工具

1. 计划准备阶段的方法和工具

在开展公共建筑工程后评估工作前，需要做好充分的计划准备。在这个阶段中，要界定公共建筑相关的边界条件，并明确评估的内容和范围，以便于进行下一步的信息收集和数据分析比较工作。虽然工程后评估的实施主体通常为建筑设计师团队，但是从准备阶段一开始，便需要各方面专家和团队的介入。公共建筑后评估的目的是为了对比业主和使用者的满意度同任务书最初目标的响应度，如果单是进行空间性能的评价，那么"前策划—后评估"的闭环也就难以充分体现原有的价值和意义。因此，沟通和联系是计划准备阶段的重点工作。通过访谈，评估团队能够更好地和业主交流，了解业主和建设方等所希望评估的内容及关心的重点，以便于有的放矢地确定评估的内容。

其次，对于文献的了解和对于实况的初步调查是计划准备工作的前提。在进行边界条件的确定时，为了确认和核对在任务书阶段提出的特殊要求，需要对建筑项目的基地和背景展开调查。比如，通过调查发现项目所在地形存在特殊性，那么应该在后评估内容中加入这一点。通常而言，实态调查的内容在前期策划和可行性研究部分已有较为全面的成果，可直接采用。此外，评估团队还需要通过文献检索初步了解同等建筑性能通常的优劣方面，以便有根据地展开计划的准备工作。另外，在后面的信息收集和数据分析过程中，如果发现了其他计划所没有考虑到的评价内容，同样需要反过来对计划的评价内容和范围进行相应的修改和订正。

文献来源：对建筑师有用的、可获得的文献种类和印刷材料是多种多样的，而不仅仅局限于书籍和期刊。评估团队可以从以下来源获取资料：建筑和规划标准、历史文献和档案材料、企业出版物、研究性文献、专业出版物、法规和条例、政府文件、生产商出版物、大众刊物、互联网等等。

资料查找程序：赫什伯格在《Architectural Programming and Predesign Manager》一书中详细叙述了一套系统的查找资料的程序[18]。首先决定查找哪些关键的信息，进而借助图书和期刊资料展开分类检索。另外，项目背景资料通常还要借助城市规划部门、建设部门和管理部门的帮助，在这里更需要了解该类文件的归档系统，如上位规划的相关层次等等。生产商的目录一般在建筑图书馆里可以找到，也可以直接联系厂商索取。此外，业主企业的出版物也许能提供相当重要的信息，这时就需要向业主提出此类要求。

文献整理程序：对收集到的文献进行整理和分类十分重要，以便于以后的随时查阅。评估的重要性排序，则首选评估内容的专项参考资料，如绿色建筑评估标准、满意度调查要素集合、消防或交通安全规范、上位规划相关要求等。

表格总结：在文献查阅的过程中，应该制定专门的表格用来记录文献的重点，以便于同矩阵表格进行对比分析。

2. 信息收集阶段的方法和工具

诊断式访谈：在对公共建筑工程后评估的信息收集过程中，访谈是最常用的方法。根据项目规模的大小，策划者将要面临的信息量也是不同的。如果项目复杂巨大，那么制定相当广泛的一系列访谈就非常必要，以便于便捷发现建筑的特殊性能和要点。这一过程类似于医生的问诊，因此在赫什伯格的专著中被称为诊断式访谈。诊断式访谈的主要目的是发现业主、使用者等利益群体的主要建筑价值倾向，以及他们对建筑性能的满意度。这将帮助策划者理解用户目标，并进一步安排对重要价值的评估方法。

访谈之前周密的计划安排有助于大大节约收集信息和分析的时间和精力。访谈计划通常包括几个步骤：提出问题、本质分类、取样计划、考虑细节、事先准备、制作文本。在不同的评估方法中有不同的访谈重点。每个项目评估均是从确定受其影响的利益群体，或受评估建筑内的管理人员开始的。相关的利益群体包括：政府部门、投资商、客户、管理团队、建设团队、使用者、社会公众。在界定了利益群体之后，需要按照一定比例的人口进行访谈安排，在每一类别的人群中找到代表样本。通常，将兴趣相近的人进行分组，每组的人数不超过 7 人，以便于可以在小范围里每个个体都充分表达意见和看法。总而言之，访谈的目的是通过最少的样本来占有最完整和可靠的信息。

在访谈技术方面，首先，第一次访谈应只涉及关键问题，时间最好控制在一小时以内；其次，集中注意力从不同参与者中获得清晰的价值和目标轮廓；第三，要避免访谈造成的疲劳，为后面的进一步跟进调查打下基础。在访谈前最好让受访者对访谈的目的有事先的了解，这需要一个提前沟通关于访谈范围的提纲，可激发受访者进行自由思考。在访谈结束后，需要及时对访谈记录进行整理和分类，便于事后查阅和参照，否则大量信息堆积会由于时间和财力的限制而难以整理，从而失去访谈的效力。

在访谈之前，评估团队必须对项目现场和现有同类建筑进行调查，以便于发现访谈时受访者没有说出的真实情况。可以说，观察和访谈是两种互补的方法，二者的共同使用可以帮助评估团队发现真正的问题，以作为进行将来同类建筑策划时的参考和借鉴。无论访谈还是观察，都会收集到大量描述性信息，只有通过诊断式的技巧才能够获得深入的了解。

诊断式观测：在这里我们同样借鉴赫什伯格对深入观察的称呼：诊断式观测。其重点一样很明确，即突出重要信息，提高评估过程的效率。观测的方法有很多种，如常规观测、现场观测、空间观测、迹象观测、行为地图和系统性观测等，每一种类型的使用都根据特定的评估任务而定。

常规观测最为简便，也无须特意安排。但是它能通过敏锐的感觉发现一些现象，对于简单的信息收集比较实用。但由于在观测时通常带有偏见，倾向于观测自己感兴趣的事物而忽略不感兴趣的事物，常规观测也容易存在误区。因此，需要在开始观测前明确关注重点和评价的内容。

现场观测顾名思义，是在建筑物的现场场地进行调研，一般伴随现场测绘的会是有建设方或设计师的介绍。同时，同一类型的其他建筑的建成后环境和建筑性能进行调研也十分重要。参观同类型、同规模的项目以及听取使用者的意见和评论，将会对评估建筑的性能和表现提供重要的比较参考。在现场观测中，需要训练快速简洁记录发言，以及做好场地笔记的技巧。简明扼要的记录有助于下一步深入的研究调查。

空间观测安排在现场观测之后，评估团队再次回到观测过的建筑室内，进行空间、家具和设备的观测，并测量记录区域的尺寸，记录空间图片。空间观测的内容包括：带尺寸的空间平面图、按比例在平面图上标出家具和设备、对立面图或透视图进行注释、标明空间使用和不正确使用的地方、明确关键问题。空间观测是对其他信息收集的重要补充。

迹象观测是通过使用者的使用痕迹来发现问题，一般通过照片表明建筑在投入使用后，用户的使用倾向，或者通过痕迹来证明设计存在的问题。行为地图是社会学家用来研究人们如何使用不同公共空间的方法，包括使用地图和空间的平面图来进行绘制。这种方法帮助人们研究发生在特定环境中的行为。观测者把地图带到特定的场所，记录人们停留路径以及行为，并且长期持续记录。比如，人们最经常使用和最少利用的区域是哪些，交通的路径，滞留的地点等等。为了用图形来解释人们如何使用空间，可以在地图上或者平面图上记录数据，并且对这些数据和空间的对应关系进行分析。最终观测者可以用一张地图来解释使用者的行为模式。行为地图对于评估团队了解人们在同类建筑中的行为模式非常有效。

社会地图是一种探寻人和环境之间存在的社会性关系的方法，它能够表达人们在群体中和其他人的关系，并通过人们之间的物理距离来对空间组织加以观察。社会地图是一个图表性工具，用来描述友情和人际关系模式，并通过提问的方式获取社会信息。这个表格能够提供组织成员间的一些数据，以反映出这群人中的信息流动方向和交流方式。其获取信息的具体方法是在图表上提出一系列问题，同时需要人们根据问题的重要性排序，比如他们最经常和谁合作、和谁打交道、最愿意和谁工作、对他们最有影响的人，谁是决策者等。社会地图对每个问题进行排序，并且使用表格来明确将要研究的问题。通过社会地图，可以了解被访者的社会网构成，进而了解空间对社会关系网络的影响。

系统性观测是最为全面的观察方法，它通过问题定位、多重聚焦、时间和规模取样、统计学分析等方法来收集建筑之间的关系、有关人的内容、物理环境及建筑物自身的元素等信息，同时，并把偏差和观测者的偏见降低到最小，确保观测者能够全面考虑对环境产生特定影响的各种因素。通常来说，系统性观测会用到专门的调查和追踪设备，以及性能数据记录和监视软件。系统性观测是对其他观测形式的重要补充。

问卷法：在文献检索、诊断式访谈、诊断式观测完成之后，某些信息如果还无法获得，就该考虑使用问卷调查来收集信息。问卷调查的方法最早来源于社会学研究，是实态调查最常用的方法之一，在社会学领域广泛地应用于信息的统计和判断，而这些信息的收集过程正是对应于建筑评估需要面对的问题搜寻与界定过程。问卷调查的目的是为了获得一些起支持作用的证据，它有助于进一步理解同类建筑的相关性能和建成环境的评价等。问卷法通过前期针对特定人群设计问卷、发放回收问卷、统计问卷而得出有价值的问题和数据，一份有针对性的构思缜密的问卷起到至关重要的作用。在问卷制定过程中，不仅需要考虑问卷所包含的内容——需要问哪些问题、得到哪些数据，而且要考虑问卷的发放对象和发放方式，得以从正确的人群那里得到正确的数据。例如，通过对使用者和业主的调查问卷，可以有效地反映出现有空间使用人员身份、喜好、空间需求及车辆需求，通过将所得数据按类汇总分析，可以得到相应的空间需求及存在问题。和文献调查以及考察访谈不同，问卷调查更具有针对性，它事先设计好具有很强相关性的问题，并且给出有限的可选择的选项答案，相对于开放式发问的访谈来说，问卷调查对于获得具体消息具有更高的效率。

对问卷调查的结果的检验十分必要，因为各方面的偏差都有可能导致调查结果的谬误，比如抽样不具有代表性，问题设计具有倾向性，答案选择不够全面，问问题的技巧使用不当等等，避免这些偏差的一个办法是尽可能地充分做好准备工作，其次就是严格控制问卷的过程，以及对问卷的结果进行反复检验。

在问卷设计的问题中，过去有很多评估团队往往只关注建筑本身的性能和使用，却忽视了建筑对于外部城市空间和环境的影响。在2004年克里斯·沃森团队第一次尝试通过问卷了解每个利益团体在使用后评估中的环境影响，在访谈和问卷中，他们问到一系列和环境影响的问题，比如，如何在建筑空间和设备的使用中减少对环境的影响，包括能源、水、废水、空气污染、材料等。自 2005 年以来，越来越多的评估团队在评估内容中加入了关于环境影响的评价，这一行为也大力推动了建筑策划和设计阶段对环境的重视。

3. 数据分析阶段的方法和工具

基于信息收集，评估团队得到了系列数据，如对于建筑性能状况等方面的描述，场地的物理性、社会性；环境的舒适性、安全性；活动的制约性、可变性；文化的自然观、造型观；时间上的历史性等等。将定性的描述转化成定量的数据后进行相关的分析考察，有助于确立较为客观普适的评价标准，以作为指导同类建筑建筑策划概念构想的参考依据。

随着计算机辅助计算的发展，数据分析的各种工具和软件层出不穷。基于对建筑性能、空间功能以及使用者满意度的分析，下文选取了 9 大类目前在建筑性能评价领域应用较为广泛的分析评估方法进行介绍和比较（表 3-5）。借助计算机软件，评估团队已经可以大大简化许多繁琐的计算过程。然而，仍然有必要了解各类评价方法的评价原理及其适用的范围，以便根据不同的评估内容和评估需求，选择相应的数据分析方法和工具。

若干数据分析方法比较   表 3-5

分析方法	适用范围	优点	局限
失败树分析法	通过评估发现问题，并寻求问题之间的关联逻辑	从失败实际案例中追溯原因和风险概率，有可信度	案例不够具有普遍的意义，缺乏相应的规范和标准
对比评定法	比较同类建筑确定性能水平	有灵活的对比基准，切合评估同类建筑的实际情况	固定规范比较单一，同类比较缺乏统一标准
清单列表法	便捷获取可量化的评估内容及总体表现	方便使用，评估时间较短，评估所花的人力、物力较少	未考虑质化原则
语义学解析法	将主观感受转化为可量化比较的数据	直观易懂，用途广，将描述性语言转化为量化分析	因子判识主观性强，选择范围不够科学

51

续表

分析方法	适用范围	优点	局限
多因子变量分析法	了解多个因素之间的共性和相互关系	原理基本易懂，可提取不明确表达的偏好	基于大量研究数据，工作量较大
层次分析法	深入分析各因素之间的联系	权重分析后加以校验，准确度高	不适合过多项目比较，依托专家打分精度不高
社会网分析法	了解空间环境对人的社会行为的影响	关注社会属性和空间属性关联	对空间因素的影响度研究有待深入
生命周期评估法	从全生命可持续环节分析建筑性能	定量化的基于软件系统，信息精度高	专业程度强，普及率不高
质化分析法	深入观察及关注建筑的特殊功能或表现	适合处理无法量化的评估问题，有针对性	没有较多客观的数量指标，推广性低

　　探寻问题逻辑——失败树分析法（FCTA法）：构建"失败学"的想法，首先是由日本东京大学工学院系研究所教授烟村洋太郎在 2000 年提出的，他呼吁将失败情报知识化、共有化，在科学技术、工程、生活领域灵活运用失败知识，以避免失败。据日本科技厅介绍，"失败学"数据库及其检索系统在 2002 年度已开始建立，失败学研究涉及多门学科领域，必须借助于各种科学手段，建立失败知识库和进行失败形成机制的仿真分析。"失败树分析法"（Failure Cause Tree Analysis，简称 FCTA）是根据可靠性工程中的故障树分析法而提出的，故障树分析法（Fault Tree Analysis，简称 FTA）是一种特殊的树状逻辑因果关系图，它首先要确定一个顶事件（故障），然后逐层向下追溯所有可能的原因，直至到达底事件（引起故障的最直接原因），根据故障路径上各种可能性的风险因素，运用布尔代数的方法，推算顶事件的发生概率及主要路径和关键源因素 [19]。在运用失败树分析法时，如何建立建筑物的失败树，是系统的一个关键点。同时，失败树的建立与现有的检测

技术有关，建立科学合理的建筑物失败树，具有一定的挑战性。

参考比较——对比评定法：采用"对比评定法"评价建筑物的性能，是指将评估建筑物的性能，如空调能耗等，和相应的参照建筑物的对应性能对比，根据对比结果来判定所设计的建筑物是否符合要求。其中参照建筑是对比评定法中一个非常重要的概念。参照建筑是一个假想建筑，它与评估对象在大小、形状等方面完全一致，比如其围护结构的热工性能满足《夏热冬冷地区居住建筑节能设计标准》（以下简称《标准》）中规定性指标的要求，因此参照建筑是符合节能要求的建筑。将评估建筑与参照建筑进行能耗的计算对比，如果评估建筑的能耗不高于参照建筑的能耗，则认为它满足节能标准的要求；如果评估建筑的能耗高于参照建筑的能耗，则认为该建筑达不到节能要求，必须调整该建筑的热工性能，然后再进行对比计算，直到不高于参照建筑的能耗。采用对比评定法评价建筑的性能关键在于参照建筑客观性能参数的正确选取。目前，"对比评定法"已被《夏热冬暖地区居住建筑节能设计标准》、上海市《公共建筑节能设计标准》以及国外许多建筑节能标准所广泛采用。

"对比评定法"是一种灵活、切实的节能评估方法，适用于不同建筑类型的节能评估。但是对比评定法是通过可变不定的参照物进行评估，在某种程度上缺乏统一的标准。因此，目前在后评估的过程中，对于缺乏固定统一标准的建筑性能，采取同类型的建筑性能均值进行比较，也能得到较为直观的效果。

简单加权——清单列表法：对于短期评估，如果只需要对建筑的功能和性能进行大致了解和认识，而不必作过于细致深入的评析，则可采用简单加权的办法。具体做法为：评价前，根据经验或原始数据，拟定相关清单指标，进而对指标体系中各项指标给定权重，然后由专家对建筑性能的各项指标打分，进而计算汇总。此方法较简单易行，但因权重事先人为给定，比较主观，不够准确[20]。因此，逐步发展为根据既有的清单和权重，进行打分和统计的办法。

随着建筑性能评估的逐步专门化，发达国家从 20 世纪 90 年代开始，相继开发了绿色建筑评价体系，通过具体的评估计数可以定量客观地描述绿色建筑的节能效果、节水率、减少二氧化碳等温室气体对环境的影响、"3R"材料的生态环境性能评价以及绿色建筑的经济性能等指标，从而指导设计，为决策者和规划者提供依据和参考标准。清单列表法（Checklist Methods）成为目前使用最为广泛的建筑环境评估工具，它主要针对一些带有标记的问题和标准进行提问，这些问题和标准被分配了不同的权重值，然后根据提问计算出最后的结果[21]。应用最为广泛的有美国的 LEED 体系，通过六个分类对建筑进行评估，包括可持续场地、节水、能源与环境、室内空气品质、材料和设计创新，每个分类都有一些子分类得分点以及相关标准，整体的认证等级将根据获得的积分进行确定。

清单列表法是一种较直接的方法，它的优点是提高了实际操作性，但是同时又要求使用者对项目有详细的了解。清单列表法允许不同方面的列表互相补充，比如一个建筑可能在某个方面打分不太高，而在另一个方面却得到满分。但是它在应用中最大的问题是对于操作者来说权重值并不是一个固定值，而且统一的清单难以反映地域的特殊情况和特色。

量化感受——语义学解析法（SD 法）： SD 法是 Semantic Differential 法的略称，是 C.E. 奥斯顾德 1957 年作为一种心理测定的方法而提出的[22]。从字面上讲，SD 法是指语义学的解析方法，即运用语义学中"言语"为尺度进行心理实验，通过对各既定尺度的分析，定量地描述研究对象的概念和构造。这本书刚一出版就引起了人们的关注，SD 法在短短的时间内得到了普及。可是，目前 SD 法在心理学等相关领域却慢慢被人们忽略了，而在建筑领域、室内工程、商品开发、市场调查等领域却倍受青睐。在日本，以小木曾定彰和乾正雄的《SD 意味微分法による建筑物の色彩效果の测定》为例，运用 SD 法研究建筑空间和色彩等课题已发展到了炉火纯青的地步[23]。但是，以建筑空间为对象进行心理评定的 SD 法与前述的实验心理学的 SD 法却有若干差异，这是由于对不同的对象进行心理评定的相关因子不同而造成的，两个领域尽管研究对象不同，但方法的本质相同。SD 法已成为建筑和城市空间环境相关心理量主观评价（如偏好性等）定量分析和评定的基本方法之一。

对于建筑和城市空间为对象的 SD 法，可以概括为：研究空间中的被验者对该目标空间的各环境氛围特征的心理反应（如偏好性），对这些心理反应拟定出"建筑语义"上的尺度，而后对所有尺度的描述参量进行评定分析，定量地描述出目标空间的概念和构造。SD 法研究人对空间的体验并对体验的心理和生理反应加以测定，其研究的对象可以是空间的全体，也可以是空间的一部分。一般说来，这种行为到平面、意识到空间的相对应的心理和生理反应，仅从外部进行客观的观察是困难的。通常我们可以通过直接采访或询问被验者而获得。这种信息的摄取方法可以有许多种，可依据调查研究的目的来选择。

变量处理——多因子变量分析法：这一方法主要是对应于 SD 法，是对 SD 法中的相关因子进行数据处理分析的补充方法。因子分析法是现代统计数学的基本方法之一。它的应用范围极广，在经济预算、商品销售、工业数据处理等方面都占有重要的位置。尽管所表述的目的不同，但原理和基本方法是相同的。因子分析法的目的是从大量的现象数据中，抽出潜在的共通因子即特性因子，通过对这些特性因子加以分析，从而得出全体数据所具有的结构，为以数据作为实态表述来反映目标空间的调查手段提供理论的依据。SD 法中多数的"语汇尺度"的评定值是变量，从这些变量中抽出若干潜在的特性因子，为下一步寻找并抽出明确目标及概念结构的因子轴作准备。因子的数据化法就是将因子的特性项目(catalog)分类，将对这些特性项目的调查取样(sample)加以收集，这一收集过程是按照"同类反应模式"（pattern）进行的。而后在最小次元空间坐标系中求得因子的分布图，以此来研究数据的结构。

在后评估的研究中，通过各阶段、各方法获得的数据需进行分类处理，才能寻找出其间的联系，并正确反映实态空间及事件。因此研究多因子变量在数量和值域上潜在的个性、共性和相互关系是使用后评估方法论的关键。一般说来少量的数据，在说明和解析空间及事件时很难全面、准确地反映出实态的全貌，因而多因子变量的数据处理多是大量的成组的操作。因子分析法正是研究大量相关数据、寻求其内在联系和规律性的逻辑法则，通过从大量的数据中抽取出潜在的、不直观的主要的影响因素，可以将不明确表达的主观偏好提取出来，亦可将复杂的多变量降维为几个综合因子。但这里所说的"大量数据"仍然不是我们今天所说的大数据，它依旧是以统计学为理论基础，以有限样本统计为前提，通过统计学的数理分析，寻找普适性结论的一种方法。

权重排序——层次分析法（AHP法）：层次分析法（Analytic Hierarchy Process），简称AHP，是一种通过将定性与定量相结合确定因子权重以进行科学决策的方法。层次分析法通过将与决策目标有关的因素分解成目标、准则、方案等层次，在此基础之上进行定性和定量分析。该方法是美国运筹学家匹茨堡大学教授萨蒂于21世纪70年代初，在为美国国防部研究"根据各个工业部门对国家福利的贡献大小而进行电力分配"课题时，应用网络系统理论和多目标综合评价方法，提出的一种层次权重决策分析方法。这种方法的特点是在对复杂的决策问题的本质、影响因素及其内在关系等进行深入分析的基础上，利用较少的定量信息使决策的思维过程数学化，从而为多目标、多准则或无结构特性的复杂决策问题提供简便的决策方法。层次分析法的基本思路与复杂决策问题的思维判断过程大体一致，尤其适合于对决策结果难于直接准确计量的场合。

在使用后评估的方法中，AHP法通过建立层次结构模型。在深入分析实际问题的基础上，将有关的各个因素按照不同属性自上而下地分解成若干层次，进而通过比较法的计算和检验，来对不同的评估空间进行权重衡量。AHP法能够把各种所要考虑的因素放在适当的层次内，用层次结构图清晰地表达这些因素的关系，有助于了解被评估建筑的各个要素之间的相互关系和要素次序。

社会资本衡量——社会网分析法：社会网络分析的兴起是应对现代都市生活网络化的趋势。其发展最早可追溯到20世纪30年代人类学家拉德克利夫·布朗（A.R.Racliffe Brown）和社会心理学家莫雷诺（J.Moreno）等人的开创性研究，1970年代在格兰诺维特（M.Granovetter）等人关于"关系网络"的研究推动下迅速发展壮大，并逐步成为社会学的一个重要新兴分支，为研究社会结构提供了一种全新的社会科学研究范式[24]。整体网络分析通常关注一个相对闭合的群体或组织的关系结构，分析具有整体意义的关系的各种特征，如强度、密度、互惠性、关系的传递性等[25]。传统的网络分析基于二方、三方关系，利用密度、距离、中心性以及派系等概念对网络结构进行研究[26, 27]。

可持续判识——生命周期评估法：生命周期评估方法是一种用于评价建筑在其整个生命周期中对环境产生的影响的技术和方法，包括原材料的获取、建筑的生产与使用直至使用后的处置过程。生命周期评估方法通常是基于软件系统的，并且需要一个涉及建筑过程、管理的材料和资源的详细目录。这个详细目录将通过各种方法和分类指标显示建筑的环境影响。目前，这种环境评估系统的使用在建筑领域内呈上升趋势。比如美国的 BEES 工具，这是用来评估建筑的环境与经济可持续性的评估工具，它的生命周期评估数据来源于美国的制造厂商、市场、环境立法机构等。BEES 的目的是开发与实施一个用于进行建筑产品选择的方法，尽可能使建筑产品达到环境与经济性能的平衡 [28]。

针对特殊性——质化分析法：相对于量化研究的各种方法而言，质化研究强调的是在自然状态下进行的情况评价。通常情况下不对研究情境进行操纵和干预，具有一定的灵活性、自动性。在问题选择上，与量化研究强调研究对象可数量化不同，质化研究的选题往往具有特殊性、意外性、意义性、模糊性、陌生性、深层性等特点。在资料收集上，量化研究的资料收集主要采用调查、实验、测量等方法，而质化研究资料的收集主要采用观察、开放式访谈、档案分析、视听材料四种主要手段。在成果表达上，量化研究讲求精确、形式化、可操作化、数量化，如行为主义者的操作化定义，变量的形式化表达，心理物理学的函数式数量表达，而质化研究则强调现象的理解、意义、发现，叙述是质化研究报告的关键，质化研究报告需要对研究方法和研究过程作详细的叙述。在研究评估上，量化研究有一整套较客观的评估指标体系，而质化研究的信度和效度的评估就没有较多客观的数量指标。

比较而言，质化研究能对微观的、深层的、特殊的心理现象和问题进行深入细致的描述与分析，能了解被试复杂的、深层的心理生活经验，适合于探究问题的意义，但不适合于宏观研究，也不能发现某一现象趋势性、群体性的变化特定；质化研究适合于对陌生的、异文化的、不熟悉的、模糊的心理现象进行探索性研究，为以后建立明确的理论假设基础，但不适合对现象进行数量的因果关系和相关分析，不利于发现现象之间趋势性的因果规律；质化研究更适合于动态性研究，对心理事件的整个脉络，进行详细的动态描述，因而研究的结果更切合人们的生活实际 [29]。

综上所述，对建筑性能、空间环境以及使用者需求和满意度的评估，究其根源是基于评价学的学科范畴，因而很多评价方法都适用于使用后评估。近年来，随着计算机辅助设计和大数据的发展，SPSS，GIS，YAAHP 等图像地理和数据分析软件在评价领域发挥出越来越大的作用，各种定性定量方法均能够在后评估的研究和实践工作中得到有针对性的应用。

第四章
发达国家（地区）后评估的国际实务、实践与教育

一、引言

项目评估是一个宽泛的概念，涉及投资评估、项目绩效评估、性能评估、环境影响评估、社会效益评估、空间环境评估、使用者评估、安全评估、交通评估等等。所有的评估都是为了通过信息和问题反馈，辅助改进下一步的决策。在评估学范畴内，建筑空间环境的使用后评估只是其中的一个部分，但却涉及环境心理和行为、物理性能、空间表征、社会和经济效益、环境影响等多个方面。全球各个国家和地区纷纷开展了众多建筑后评估的研究、实践和实务工作，并在学院教育以及执业人员培训和再教育方面做出了各种有益的探索。

评估的侧重点因项目的需求而异。本章介绍了进入 21 世纪以来的各个国家的若干案例，从不同的角度展示了建筑使用后评估工作的诸多可能性。日本政府办公建筑的使用后评估以使用者的感受和行为习惯为出发点，深入探讨了工作作风与办公空间各个要素之间的联系，从而有针对性地进行空间改造，并进一步通过跟踪反馈来不断调整改造策略；英国由政府牵头，展开了一系列公共建筑的使用后评估专业调查，从空间性能、能耗效率和用户调查等方面综合评价建筑物的状况，并深入了解其存在的共性问题背后的策划、设计和运营管理原因；在美国，建筑师学会鼓励建筑师参与自己建筑项目的使用后评估业务，并在 AIA 建筑师职业实践手册中针对使用后评估业务有明确的指导，此外，还通过美国建筑师学会 25 年奖和美国规划协会最佳场所奖等奖励机制，激励地方政府、业主和设计师自发投入到建成环境的可持续

品质的维护上。在教育教学方面，巴西、德国等国家的建筑院校均在上个世纪末开始将使用后评估纳入规划和建筑教学培养体系，并通过探究式教学和人文社科交叉学科等方法，将使用后评估的研究与传统建筑学教育形成良好的优势互补。

二、使用者行为与空间效率：以日本政府办公建筑后评估为例

1. 实践背景

日本建筑学界十分重视建筑策划（在日本称为建筑计画）和环境行为研究，因此，研究使用者行为及对建筑空间的使用效率也是日本建筑使用后评估的重要内容之一。传统后评估研究集中在人体工学的精细化设计与反馈方面。随着研究的深入和城市社会发展的转型，日本的建筑使用后评估在使用者行为和空间效率研究方面呈现出新的趋势，尤其在政府办公建筑的后评估研究中表现显著。

随着劳动力人口的日益萎缩，日本政府提出需要使用更多的信息技术来提高效率和加强生产力。在政府办公过程中，研究表明引入一个扁平化的组织管理架构有助于更快更好地做出决策。然而，日本传统的政府管理文化之一是强大而稳定的中层管理团队，由此形成的政府办公建筑也具有独特的功能组合和空间要求。因此，新兴的工作作风和组织变化，将如何影响政府办公空间的使用效率，有待进一步研究。

除上述趋势外，日本设施管理促进会研究报道，日本的地方政府办公建筑面临严重的老化问题。以三重县政府为例，截至 2002 年 3 月，政府在 898个地址共拥有总计 5272 栋办公建筑，其中 56% 的建筑建于 20 年前，24% 的建筑建于 30 年前。目前的预算不足以进行拆除重建，因此只能进行对现有

办公建筑进行改造。其中，三重县办公楼竣工于 1964 年，占地 0.28 公顷，总建筑面积 23128m²。县办公楼于 2000 年开始进行翻新，该过程包括三个阶段。在每个阶段均进行了使用前和使用后评估，以便找出改造计划的优缺点，创建一个"计划－行动－检查－行动"（Plan-Do-Check-and-Action，简称 PDCA）的循环程序。

2. 三重县办公楼改造的使用后评估分析

在三重县政府办公楼的改造评估中，变化最大的影响要素是政府管理层次结构的改变，继而带来的办公平面布局的变化。在 2002 年以前，三重县政府的组织结构由正规工人，负责人，科长，部门主管等级组成。这种中层管理的层次结构是日本组织的传统。2002 年组织扁平化政策被采用，引进集团领导小组制度。但在 2006 年，集团领导人被定为副室长，部分分层组织结构又重新恢复。因此，为了适应这些可能的组织变化，办公室的平面布局需要具有一定的灵活性。比如，在 2009 年，有些部门专门将房间的室长和副室长的办公桌放置在远离其他办公桌的地方，靠近窗户，以便用最小的改动应对可能的调整。

在改造前的办公楼的办公室布局中，相应的装修计划内容中没有指导设计方案、书桌方向和布置方式。每个科室所需的书桌数量是根据每个空间的具体环境和条件来进行组织和放置的。这带来的最大问题是缺少计划性的安排，失去了最大利用空间组织相应科室的机会。在 2001 年大装修后，从历次改造经验中总结出的经验在设计指导方针中得到了体现：办公楼拆除了所有的隔断墙和隔墙。主要办公区域分布在南北两侧靠近窗户的区域，入口附近则设立了一个会议区，容纳若干常用会议室，在中心空间设立了一个灵活的公共区域，以满足多功能聚会和发布信息的需求。此外，办公桌的布局进一步标准化为由 8 个书桌组成的群组单元，以便提高工作效率。这一标准化的布局旨在响应扁平化组织结构的政策变革。在 2008 年，办公室又进行了进一步调整，以适应新的组织变化。比如，将专人办公桌与办公群组单元分开；不再标准化通道宽度，以便适应不同的需求；将中央的公共会议区中一部分会议室又重新移动到相邻的办公区域，用文件柜作为隔断。可以看出，每一次的调整都是基于对之前使用后评估的功能组合安排需求的重新响应。"使用 – 反馈 – 修正 – 再使用"在这里形成了良好的循环机制。

3. 基于调查的工作风格分类研究

除了应对于组织架构的空间布局调整外，政府办公楼还在 2000 年开始展开了为期 5 年的工作满意度跟踪调查。调查显示，在 2001 年大装修之后，办公人员的满意度达到最高，在那之后的总体评分开始逐年下降。为了进一步了解背后的原因，有必要进一步研究使用者满意度与空间生产效率之间的联系。

研究采用了三种信息收集和分析的方法：问卷调查、活动地图绘制以及主成分分析法。通过选择特定区域的一百名用户的问卷调查（实际回收率100%），可进一步了解员工的工作具体性质、周期规律和内容；活动地图绘制是为了了解使用者的行为习惯和空间使用频率；主成分分析则揭示了使用者的不同工作风格，并在活动地图记录中得到了印证。

通过主成分分析，研究提炼出三种基本的因素子集，并据此将问卷问题进行相应的归类。比如，第一个因素子集包括"在办公室以外工作"、"工作不在办公桌上"、"经常在别人的桌子上说话"等问题，被统称为"工作的空间覆盖"指标，用于考察"空间流动性"要素。第二个因素子集包括的问题为"工作大部分按组进行"、"小组协作完成成果"和"沟通十分重要"等，是"员工协作关系"指标，考察"互动性"要素。在第三个因素子集中，涵盖的问题为"工作大多数是常规的"，本意用于衡量工作类型，但由于累计比例具有显著偏向性，故而研究采用子集一"流动性"和子集二"互动性"

将员工分为高流动性和高互动性的"合作者"（Collaborator），低流动性高互动性的"组成者"（Constituent），高流动性和低互动性的"独奏者"（Soloist），以及低流动性和低互动性的"个体者"（Individual）四大类型。

统计结果显示，在三重县办公楼中的很大比例员工属于具有扩散的工作风格的工人。借助卡托的理论，"多样性"和"自治度"影响了不同工作风格下的工作空间[30]。这个结果与日本中部大型市政办公室的结果相似。具有扩散工作风格的员工适应于更多种类的工作场所设置，从而显示其特定工作风格的高度自主性。

4. 基于地图调查的员工协作活动分析

在问卷调查和主成分分析步骤之后，评估团队展开了活动地图绘制工作。其主要的工作流程为：在 15 分钟内对目标地区的工作人员的行为和周边环境进行地图测绘。绘制的行为内容包括：计算机工作、坐在办公桌旁、电话交谈、与他人交谈或开会、归档、传真／复印／打印和其他。同时还记录了员工是站立还是坐着，并用实线记录了运动的轨迹，用虚线标识正在说话的交谈停留的工作人员。

研究表明，具有不同工作风格的员工在同一办公环境中也具有不同的行为习惯。比如，"合作者"和"组成者"通常处于房间的后方或周边，结合二者的身份属性调查可以看出，集中在领导者的身上。而单独行动、互动性较低的另外两类员工则较多位于房间前方。因此，如果被分类为"合作者"和"组成者"的部门主管与办公桌群组单元分开，交流将主导更多的办公桌与空间，促进更多的沟通。因此，在规划办公室以加强有效的工作人员沟通时，被列为"合作者"和"组成者"的工作人员的办公桌应放在远离主要办公桌群组的地方。从"流动性"层面上看出，具有高流动性的"合作者"和"独奏者"的工作人员应负责办公室的沟通模式，放在房间后面或前面。而流动性低和互动性均低的"个体者"应放置在书桌岛的中心，以便更好地集中精神开展工作。

评估团队进而对每一类工作风格的员工都进行了深入跟踪。比如，团队发现"合作者"员工在办公室进行了70%以上的沟通，这也与实际中的工作和沟通活动十分相似。而合作者在对空间的评价和满意度方面，也和办公桌的排列组合是否更加有利于和人交流给予更大的关注。

5. 小结

在日本政府办公建筑进行重建或改造的过程中，严格遵守了"计划—行动—检查—行动"（Plan-Do-Check-and-Action，简称PDCA）的循环程序。其中，"检查"一环即为使用后评估环节。基于政府机构扁平化转型的政策改革背景下，政府办公楼空间相应进行了各类装修、翻修和改动。使用后评估的调查发现被写入了翻修的指导设计方针，并直接用于装修决策。

在使用后评估的调查过程中，研究摒弃了以往关注建筑空间性能这一重点，转向关注政府办公人员的行为习惯，通过问卷调查和主成分分析，将研究重点聚焦到对空间使用的流动性，和工作协作的互动性两个维度，并借此构建起四种不同的工作风格。进而，借助绘制工作人员的行为活动地图，并分析其与各类工作风格之间的关系，能够发现诸多相似处和不同之处。研究表明，使用工作风格分类来捕捉员工活动的特征，可用于支持工作环境的设计。

三、系列建筑的性能、能耗与用户满意度：以英国 PROBE 后评估为例

1. Probe 项目介绍

20 世纪 80 年代是英国建筑行业发生巨大转型的时期。随着行业竞争压力增大，设计业和制造业被要求在提高生产速度和质量的同时降低成本。信息技术的发展使得建筑设计更加集约化和多变，随之设立了专门管理建筑物技术性能的建筑设施管理专业。虽然燃料价格有所下调，但关于环境和能源保护的关注使得能源绩效逐步成为建筑性能评估的一个重要方面。20 世纪90 年代以来，有效的空调系统、电脑仿真模型运行、建筑材料更新迭代、创新的通风和冷却机制，有效改进了室内环境性能。调查显示，用户和业主对于建筑满意度的差距主要体现在策划时期对建筑的期待与建筑使用后所呈现的实际表现之间。因此，在期待和现实之间，需要构建更加强有力的反馈和评估机制，以更好地巩固优点、纠正缺点，指导将来的策划和设计[31]。

英国的 Probe 项目全称为建筑及工程使用后评估（Post-occupancy Review of Buildings and their Engineering），是由英国政府（环境、交通和区域发展部）联合出版社和研究团队共同组成的独特的联合团队。这个团队的创建始于 1994 年英国环境部（现环境、交通和区域发展部）推出的工业合作伙伴倡议，政府资助八个最近完成的有特色的建筑物的使用后评估，鼓励研究团队对其进行技术、能源、业主及管理满意度的调查。这一合作组织建立后，它着手对一些备受瞩目的新商业和公共建筑进行了 2 ~ 3 年后的使用后评估，并将评估结果发表在期刊《建筑服务》（Building Services Journal）上，并有助于保障今后类似建筑行业的质量及发展。至今共发表了 18 次调查报告。其目的是提供关于设计、施工、使用以及对过程中存在问题的反馈，总结成功经验和失败教训。结果证明，该研究具有广泛的价值，不仅有助于设计师和委托人对建筑情况有简要的了解，分辨出需要跟进和改进的内容，并且也帮助建筑使用者深入了解问题及改进措施。

Probe 是英国首次将建筑评估报告及建筑物名称发表在技术期刊的研究项目，在这之前，对知名建筑进行评估十分困难，并且具有相当多的风险。

Probe 项目的开创性贡献在于提供了一个更加公平而开放的平台，政府、行业和客户在了解了反馈的益处之后，逐步认可、接受并大力推广这一研究课题，以持续改进建筑设计及工业管理的相关内容[32]。

Probe 项目针对公共建筑主要展开三个方面评估：空间性能、能耗表现、用户满意度。这三个方面的评估基本涵盖了物质空间环境性能及使用者的行为需求。需要指出的是，对于投资、预算以及建造的评估属于项目评估的范畴，在这里不作为专门的内容展开。并且，对于消防、安全、交通、施工建造等方面的评估也属于专项评估及过程评估的内容。这里着重关注的是公共建筑投入使用后 2～3 年后的使用表现，其最终目标是为了使得以后同类建筑的测试常规化，并通过设施管理、使用后管理等日常机制形成持续的信息流反馈，促进更好的建筑设计和使用。

2. 后评估调查方法

目前 Probe 项目共进行了三期，本章着重介绍 Probe1 和 2 的研究经验，共调查了 16 座建筑物，包括 7 栋办公楼、5 栋教育建筑，4 栋其他公共类建筑。Probe1 调查了 8 座建筑物，其中四座建筑采用空调系统、三座采用先进自然通风系统，还有一座是低能耗医疗建筑。Probe2 包括了另外 8 座建筑，其中为三个办公建筑（1 个空调系统、1 个自然通风系统、1 个混合模式）、两个混合教育建筑、一个混合式发言和自然通风仓库。层层选拔基于如下标准：性能特点、投入使用 2～5 年、空间类型、通风系统类型等。对于每一个建筑都进行了详尽的关于技术、能源和用户调查的研究。

出于可信度和精确度的需求，Probe 项目所采用的调查方法需要被标准化，并充分采用先进技术和标准。使用后评估有两大核心方法：（1）使用者调查，由建筑使用研究公司（Building Use Studies Ltd，简称 BUS）开发用于获取用户对建筑及室内空间环境满意度的研究方法；（2）能源评估报告方法（Energy Assessment and Reporting Method's，简称 EARM）和办公建筑评估方法（Office Assessment Method，简称 OAM），用于评价能源使用情况。此外，在开展评估之前，Probe 项目还编入了一份有 5 页纸内容的综合前期调查问卷（pre-visit questionnaire，简称 PVQ），用于在正式评估之前，提前对建筑进行服务、使用、用户和管理等方面的信息收集及调查，这有助于提高正式调查的效率，以及提前发现问题，便于评估团队在正式调查中更有针对性。

• **使用者调查方法**。使用者调查方法始于 20 世纪 80 年代由 BUS 公司进行的一项针对建筑病症的综合性调查，随后被英国建筑研究院（BRE）进一步开发并采纳[33]。Probe 采用的自填问卷需要尽可能的简单、清晰和易于填写，同时也要满足后期数据收集和分析的需要。因此，问卷从原来的 12 页 A4 纸浓缩为只有 2 页的容量，但是其所包含的问题被过去经验和数据统计证明为是最为重要的问题。在实际运用中，该问卷取得了很大的成功，因为它有效避免了收集信息的超载，同时也避免了工作人员的疲劳。问卷内容包括基础信息、建筑整体、个体控制、管理响应、温度、空气质量、照明、噪声、整体舒适度、健康、工作效率等若干方面。

通常，问卷调查以抽样样本的形式发放给 100 ～ 125 名工作人员，当建筑物内的人员少于 100 名时，则需要发放问卷给每一个使用者。另外，当建筑有专门的一类类型的使用者时，还会针对该类用户发放第二次问卷，比如教学楼的学生等。如果发现了一些核心问题，工作人员还会与管理层小组召开专门的会议进行深度访谈。

BUS 公司的使用者调查方法是在各个要素之间的一个平衡产物。这些要素包括受访者的需求、数据管理、数据分析、统计有效性和问题回答能力等。这种平衡所产成的"克制"的调查实际上节省了后续过于冗余的数据分析。经验表明，如果研究团队沉迷于收集庞杂海量的信息数据，最后反而会迷失其中，没有足够的时间分析信息的准确度，及其背后的原因。此外，所有的建筑物采用的是同一份问卷，这样信息数据才具有可比性。因此，除非是重大情况，否则不允许改变问卷问题。

需要指出的是，在调查问卷的回答偏好性中，空间设计问题和人力管理问题是密不可分的。换句话说，完全独立的问题和影响因素是不存在的。比如，许多居民喜欢喝咖啡的私密空间，那么独处空间平面就比开放式的功能布局更容易获得高分；再比如，很多居民容易将有关空间环境的不满投射到对物业管理和运营维护的不满之上等。

• **能源调查方法**。通常来说，建筑物的能耗性能数据需要通过综合的检测得到。最初使用后评估是采用环境交通和区域发展部门的能源调查法，这是基于用电量估算数据，以及伦敦的电力信息报表。随着探测器的广泛使用，环境交通和区域发展部采用 EARM 能源评估报告方法对建筑物进行调查。其中，基于 EARM 的办公室评估方法（Office Assessment Method，简称 OAM）是一种迭代技术，可以将能耗与建筑物的类型、布局、系统和使用运营情况相结合，以最直观和最切中肯綮的方式展现出建筑物的能耗性能表现。

许多现有的方法要么不够精确，没有足够的相关性，要么过于冗余而且耗时。因此，OAM 采用了逐步详细评估的步骤，并帮助用户判断生成的结论是否与预期的目标相吻合，以及下一步需要采取的工作。另外，OAM 用以分析的数据可以在其他阶段被借用并展开新的分析。OAM 实际上是从 20 世纪 90 年代的能耗统计方法中演变而来，它允许识别各类不同的能耗数据，因此有助于评估团队既进行横向比较，又同统一的标准基准相比对。

下面以 OAM 对建筑物燃煤性能数据的收集统计举例。首先，根据年度消费指数等报告和统计年报收集目标建筑物每平方米的燃煤量；进而进行第一步检测，将其进行细节分析比对，探寻是否有特殊的状况或者用户群体，使得每平方米燃煤量可能出现偏差。若无，则直接给出检测统计的燃煤量；若有偏差，则进入第二步运算，即通过折中天气、使用者等特殊原因，给出折中后的数据报表；进而开始第二步的检测，反思是否完全掌握了建筑物各处的信息，若是，则完成统计；若无，则进入第三步运算，即在建筑的各个子环节分析细节燃煤量，进而继续自校、自验，直至通过，完成报表。

尽管调查时间十分有限，但 16 个 Probe 项目调查的建筑均经过了至少三个步骤的检验，最终建立起收集和分析数据的电力模型。

3. 后评估程序

一个正式的 Probe 项目调查程序通常需要三个月，约 12 到 14 周，分为 10 个步骤，包括（1）评估协商阶段、（2）预访问、（3）第一次现场调查、（4）初期分析和报告草案、（5）第二次现场调查、（6）BUS 用户调查、（7）能源调查、（8）压力测试、（9）Probe 终期报告、（10）期刊报告发表。

• （第 1 周）评估协商阶段：咨询房东，公司管理，及物业、维修及维修部门，得到初步接触的机会；通常来说，现场调查不需要安排设计者跟随，以避免在观察过程中受到设计师的倾向性引导。

• （第 2~3 周）问卷试调查：基于背景描述，进行数据采集和情况调查。通过第一次访谈，初步发现用户需求和存在的一些问题。

• （第 4 周）第一次现场调查：通常需要和大楼项目经理、管理团队进行深入访谈和调查问卷填写，与工作人员进行座谈，调出具体的日常运营维护手册进行查看，记录监控设备的记录数据，携带必要的检测工具（如电能表、测光表、温度（湿度）表、烟雾笔、照相机、录音笔等）随时随地进行测量。

• （第 4~7 周）初期分析和报告草案：收集参观和访谈结束后的所有数据及信息，转译为可比较分析的数据格式文件，形成初步的数据库平台。在第二次调查之前，团队需要起草一份较为全面的调查报告，通常需要 4 周时间完成。

· （第 8 周）第二次现场调查：基于初期数据分析和调查报告，列出需要采取行动的问题清单和行动列表，并进一步同建筑物的甲方进行预约。这一步开始需要更多设备商的介入，比如请电工全程监督保障仪表读取的安全操作，或者请承包商回答关于设备功能的一些问题。

· （第 7~9 周）BUS 用户调查：一方面，对长期使用者进行问卷发放和调查；另一方面针对特定人群展开二次调查，比如专家、学生等。通常需要获得至少 90% 以上的回收率，因此，需要充分做好调查的前期工作，比如告知员工调查的日期，获得同使用者接触的许可批准等。数据录入通常在调查后一周内进行，并对统计结果的样本有效性进行检验。

· （第 3~12 周）能源调查：能源调查贯穿整个使用后评估的始终，通常在两次现场调查之间的能源监测最为密集。完善的能耗数据来源于多个方面，比如每月或每季度的发票、手动和现场仪表读数或者年报和统计报表等。

· （第 9~11 周）压力测试：主要针对建筑物的某些专门性能的测试，比如漏风实验等。通常这些测试需要花费较多的时间，也会对用户形成干扰，所以对于公共建筑的压力测试一般选择在周日进行。

· （第 8~11 周）Probe 终期报告：最终形成的 Probe 报告一般有上万字的主报告和一系列附件部分，包括建筑在性能、能耗和用户需求方面的评价，同时有能耗性能的可视化表达、综合住户调查报告以及压力测试报告等。报告目的在于：提供基础数据信息、提供比较验证和检查以及记录信息和意见。

· （第 12~14 周）期刊报告发表：每一篇单独建筑物的使用后评估报告发表不少于 4000 字，并在期刊公开发表。这可能会造成一些横向比较的紧张气氛，但是反过来也吸引了社会公众对于使用后评估的兴趣和认知。

4. 系列建筑后评估的空间性能

评估团队对建筑物的空间性能调查集中在以下三大类：1）被动技术，主要包括建筑表皮、结构、窗户设计和高级自然通风系统；2）设备装置，包括供暖、热水、空调和混合模式系统；3）电气控制，包括照明、控制和运营、信息和通信技术。调查显示，16 座建筑显示出各自独特的成功经验，但是也暴露出不少在性能使用上的通病，有些问题和后期的管理维护紧密相关。第一期调查的 8 座建筑显示出的问题在第二期的建筑中依然存在。因此，评估团队重点对上述问题进行程序化的调查，包括：明确调查内容—发现问题通病—评价成功经验三个方面[34]。

调查显示，与建筑使用后性能紧密相关的空间使用所暴露的问题可以从以下几个主要方面展开反思。

• **多用途使用**。研究发现，当前建筑使用不再是朝九晚五的规律化，而是包含了越来越广和多样的活动功能，和灵活的使用方式。然而，建筑设计通常默认的是常规化的空间使用。这导致了建筑空间设施难以实时作出变更，以服务灵活性和多样性的需要。调查显示在公共建筑中，空间性能的设施和技术需要充分考虑各种临时调整和负载的加大，以便能够在后台进行良好的服务。

• **易管理性**。在规模较大的商务办公楼中，物业和建筑设备管理人员能够对设施进行及时的检查，并对出现的问题进行即时反馈。但是在其他大多数建筑中，建筑设备服务和环境控制系统往往在投入运行之后缺乏足够的管理和维护。

• **维护运营的质量**。管理不善容易导致居住者的不满，以及额外消耗的资源。比如通过不必要的或过度的系统操作，剥夺了居住者的选择，增加了对管理和技术系统的依赖。住户调查反映，人们希望空间管控应该更加人性化，而非仅仅为了自动化而改进，并反映需要在管理使用中加入更多的可选择的选项。

·**管理的可达性**。在空间上的管理便捷性也是重要的一个方面。Probe 调查显示出一系列设计的漏洞，比如植物位于偏僻狭窄的空间、终端和控制设备隐藏在非常不易操作的面板后面、电动车窗无法进入、灯具和传感探测器质量过低且不便维修，等等。建筑师和工程师在策划和设计中就需要考虑设备的运营管理，并在系统集成设计和空间布局安排时给予充分重视，使之便于管理。而另一方面，特殊的介入设备和安全防范措施也需要纳入考虑。

·**精细化建造**。设计和施工过程中往往重视内容，而忽略了精细化的品质质量。比如，建筑外墙和外窗的密闭性能在几乎所有被调查的建筑中都没有得到足够的重视。但是在用户的反馈和使用后调查中，却是影响空间性能和使用感受的一大要素。人们往往忽略了，建造过程的管控也能够带来高品质的成果，并大大改善建筑的性能。

·**对创新技术带来的负面影响预估**。在建筑设计和工程管理中，人们通常会更关注创新性的技术带来的正面影响和优势，却盲目地忽视了其背后可能产生的新的隐患。因此，在策划、设计初期，需要更多的试点项目，更多的现实检查，更多的与用户的讨论，以及更多的后续工作。交付过程也需要更仔细地检查。Probe 项目显示，通常来说，更直接、简单和容易理解的方案反而取得了更理想的结果。

·**试运行周期**。很多实际项目在建成后的试运行周期过短，来不及发现问题并及时进行修正和调整，也是建筑在正式投入使用后出现状况的一大原因。由于工期和诸多不可控的因素，试运行周期过短是很难避免的情况，因此，在策划和设计时，需要为建筑空间留出一定的供自调整和自校正的余地，以便及时应对可能出现的问题。

· **前策划、后评估**。和其他制造业以及工业产品类似，建筑在完工后再进行调整的余地已然很少。这要求在前期策划时做好更多完善而深入的考虑。使用后评估的意义不仅仅在于反馈当前建筑的问题，更多是为同类的建筑未来在策划设计时提供有价值的参考。为此，在策划设计之初，需要结合已有的使用后评估经验，对构想方案作出适当的预评价和多情景比较。

5. 系列建筑后评估的能耗性能

在能耗性能方面，Probe 评估团队对 16 栋建筑评测的主要内容集中在能源绩效和碳排放两个方面，主要包括建筑物的气体排放、耗电量以及二氧化碳排放量。在数据统计上，团队并未采用人均指标，而是用每个建筑单体的能耗总量以及平方米指标来进行比较。这是基于几个方面的考虑：首先，每个建筑的实际使用者数量各个时段均不同，人数难以精确；其次，每个建筑物的人均使用面积的衡量精确度远低于建筑物的客观物理面积；最后，建筑能耗通常和环境设备及空间布局紧密相关，和人的具体使用方式关联度较少。实际调查结果也证实了上述考虑。在 16 栋建筑中，能耗总量最高的 2 栋建筑反而是使用者人数较少的，而低能耗的教学楼却有最多的日均使用人数[35]。

调查结果显示，大多数建筑，特别是对于设施水平要求较高的建筑，其能耗都比预期的要高出许多。并且，电脑房、餐厅和办公设备用房，能耗量比平均建筑空间高出了四分之一。能源绩效评估是调查的重要组成部分，几乎所有的被调查建筑都宣称能源效率高。然而，调查研究显示，在策划、设计、施工和管理方面，能源方面的情况都远少于预期。其中，有少数建筑的能耗表现较好，但是也并不均衡，比如在照明和能源控制方面仍然有所欠缺。

研究指出，由于技术、管理和与控制相关的倾向，供暖、冷却、泵、风扇和照明的运行时间比设计者预期的要长得多。要提高绩效、效率、控制和管理，特别是在机械条件的建筑方面，需要采取主动式通风空调系统。而在很多节能建筑中，往往过于强调被动式通风，将空调系统妖魔化。实际上，通过良好的运营管理，一样可以达到节约能耗的目的。为此，需要提高分时分区的精细化管理水平，全面展开性能提升、质量控制和机制管理。

跟踪研究还发现，虽然理论上看，监测反馈和有效报告是持续改进的动力，但这在英国建筑中却很少见。来自于第三方物业管理的反馈表明，即使通过数据收集和监测显示出建筑的能耗水平较高，建筑物的业主也很少考虑将反馈用于将来建筑物的改进中。在更多的使用后评估案例中，建筑业主和地方政府更偏向于将使用后评估调查作为可信的数据来源。只有非常少的建筑针对评测结果做出了调整。由此可以看出，基于经济成本、人力成本和时间成本等因素，指望通过使用后评估来改进当前建筑的性能是很难的，更多需要在前期策划和设计阶段就将使用后评估的经验纳入考虑。

通过比较使用后性能和策划初期阶段的指标，发现在策划和设计阶段中，很少见到关于能耗要求的明确说明。而实际上，在策划期间设定一个相对能耗标准，能够为设计团队提供指导，并构建各方利益主体对话和沟通的平台。因此，在策划和设计阶段，需要进一步改进关于能源性能方面定性及定量的要求。当然，标准的制定也并非简单依据现行规范或者普通水平，而是要根据建筑物的使用情况和特殊性能进行决策。比如，教学楼的直接照明需求超过办公类建筑，办公楼的持续照明时间往往长于其他类建筑。因此，对于照明能耗的指标也应当有所调整。

6. 系列建筑后评估的用户调查

Probe 项目团队对建筑用户的调查旨在探索如何根据用户的需求和居住

状况来更好地改进建筑策划和设计。研究发现，舒适度、健康和居住质量紧密相关，但这些质量却也很容易被十分微小的一些瑕疵问题破坏。对空间环境品质的改善并不一定非要通过全面提升建筑性能标准，而是在和用户感受紧密相关联的某些方面进行恰当的管理，比如近些年来越来越多的噪声控制、机动车影响等。对于用户而言，让他们"满意"的重要程度超过了对环境的"优化"行为；而简单地改变不满意的地方，其起到的作用也大于花费巨大的设备性能提升工作。此外，调查发现，用户对于建筑物最不满意的地方往往源于其操作和设备的复杂性，因此可以看出，一个清晰、简单、明了的管理以及信息反馈，能够让用户和业主感受到最大的被尊重。这也正是 Probe 研究从目标到方法程序，以及到评估重点内容等所一贯坚持的核心[36]。

关于用户满意度的关注首先出现于 20 世纪 80 年代，当时发现一些慢性病与建筑空间相关（比如嗜睡，头痛，干眼和干嗓在白天出现，在离开大楼后的一段时间便有所改善等）。这些慢性症状群体最常见于封闭式的空气调节系统所在处，所以人们将空调与健康紧密地联系一起。随着技术的进步，这些健康表征相关的环境问题已经在建筑物内部得到了很大的改善，但是，更多的能耗、管理、用户行为心理等方面的因素，往往并不被普通的用户调查所熟知。

建筑使用后评估中的用户调查区别于以往传统的用户调查。首先，每个建筑物都是针对更广泛的数据集进行基准测试，以提供与其他数据集进行比较的机会；其次，用户需求调查和技术能源研究相结合，以探讨设计和管理背景下建筑对于使用者行为的影响；第三，通过期刊发布每一栋建筑的翔实报告，以便于后续查阅和进一步比较验证。

在调查内容的精细化设置方面，团队采取了"异常报告"法，即关注那些让建筑空间满意度产生巨大差别的方面，而不是泛泛而谈建筑物的各个方面的表现。这样可以更好的便于后期的数据分析操作，也避免了调查者填写过于冗长的问卷带来的抗拒心理。比如，问卷不会提问"空间环境是否需要干净整洁"这样的众所周知答案的问题，但是会增加关于健康和居住质量相关的问题。

总体而言，Probe 针对用户的调查内容集中在两个方面：舒适度（夏季与冬季的温度和空气质量、照明、噪声和整体舒适度得分）和满意度（基于设计、需求、生产力和健康的评级）。每项调查涵盖 43 个变量，一一列举在详细的表格中提供，这些表格包括基本统计测试的基准和信息，并且可以根据需要对于单个建筑物或建筑群体进行性能的图示化表达。

研究发现，设计师和客户经常错误地认为技术可以代表一切，比如提供舒适性，健康性和生产率，而且这些技术和设施管理并不相关。然而，事实正好相反。调查结果显示，如果建筑物增加了一些技术创新，往往导致设备管理的难度增加，如果管理不善，反而总体效能被大大下降。因此，评估团队倡导尽可能简单的建筑物，而复杂措施则必须在简单性不能满足要求的情况下才被使用。并且，真正的简单并不容易达到，这反而需要非常多的投入和努力才能够实现。

7. 难点、应用与反馈

综上所述，使用后评估的实践与应用并没有理论中所设想的那样一帆风顺——通过反馈自然而然达到建筑物性能的改进和提升。相反，在 Probe 研究最后指出，很多政府部门和专业人士表达了对使用后评估的担心，因为任何调查评估都不可避免地会带来不好的消息，而不利消息将在某些程度上有损于建筑物甚至甲方的声誉。实际上，使用后评估团队采用的工作并非"纠错"，而是"奖励正确"，即通过调查，反馈可以用于改善空间性能的良好做法，进而对此进行推广，并考虑纳入将来的政策规章和法规标准之中。

在英国 Probe 项目中，使用后评估的成本费用由政府部门和行业出版期刊共同负责。通常来说，建筑设计师并不愿意为额外的调查买单。但是，随着使用后评估被纳入建筑生命周期的必备环节，并且被证实了其结果能够有效指导下一步策划和设计，相信使用后评估会被更多的设计团队接受。而对于用户而言，越来越多的人也倾向于选择"具有可反馈性"的建筑，一方面便于监控，另一方面也易于反馈和管理。

此外，保持可持续性也是使用后评估的一大难点。通常而言，使用后评估会用到海量的数据信息，以将建筑样本同普遍的数据基准进行比较衡量。这意味着需要持续从调查和监控管理中收集数据，人们通常容易低估维持这一工作计划所需的资源和费用。总而言之，用户满意度、经济绩效和可持续性的改善三者之间不是相互冲突的，而是可以通过相互支持，形成"三重底线"，使得建筑在"前策划、后评估"的良性循环中不断完善。

四、优秀建筑后评估制度：以美国 AIA25 年奖为例

美国建筑师学会（American Institute of Architects，简称 AIA）认识到建筑学在其宽广的实践领域所取得的成就，为评价这些建筑实践的质量从而建立一个优秀的标准，使得所有建筑师的实践都能通过这一标准进行评价，并且对公众宣传建筑实践的范畴和价值。美国建筑师学会从 1969 年就开始颁发美国建筑师学会 25 年奖（以下简称 AIA25 年奖），引导社会重视其前期建筑策划，重视可持续设计和节省能源，重视建筑经历 25 ~ 35 年后还能保持好的状态并且基本功能完整。相比之下，我国的建筑使用后评价推广至今仍举步维艰，其中一个重要原因是我国建筑学的业界和学界均缺乏一个有效的建筑使用后评价的引导机制。本节希望通过分析这样一个经历了四十多年的老牌奖项，能给我国就此方面提供一些参考和启示。

1. AIA25 年奖的申报资格

AIA25 年奖申报资格有如下几点主要要求，首先是时间方面，该奖承认建筑设计具有持久性的意义。奖项将授予那些建成并经历 25 ～ 35 年时间考验，对民众生活和建筑学均做出有意义贡献的建筑。同时在建筑师资格方面要求这个项目需由一位美国注册的建筑师进行设计。AIA25 年奖具有开放性，任何一个美国建筑师学会成员，团体成员，或者 AIA 知识社区都可以提名一个 AIA25 年奖的项目。这个奖项对所有类别的建筑项目开放。提名的项目可以是单体建筑，或者一组建筑构成的单个项目。

AIA25 年奖要求提名项目必须实质上建成并保持好的状态，明确提名的项目应该仍按照初始的建筑策划进行运行。当建筑的初始内容没有本质改变的时候改变用途也是可以允许的，并在提名项目资格中强调项目必须具备卓越的功能。项目须杰出地执行最初的建筑策划，并按今天的标准有创造性方面的表现。AIA25 年奖要求建筑和场地需要一并考察，当前内容的任何改动应该被评审所关注。

2. AIA25 年奖的申请程序和评审

美国建筑师学会网站上有一个提交 AIA25 年奖项的页面，页面有详细的奖项信息，提名项目的资料文档和反馈信息等。AIA25 年奖要求建筑师提交准确而完整的所有参与者名单，包括而不限于作为整体团队一部分的工程师、室内设计师、规划师和策划师等（根据 AIA 的政策只能写公司名字而不允许写个人），同样也包括客户、所有者和一位现场参访联系人。AIA25 年奖还要求所有报奖的建筑师签署一份版权协议，授权 AIA 使用相关资料信息。AIA25 年奖近年来强烈推荐报奖项目要实现美国建筑师学会可持续建筑实践立场声明（AIA Sustainable Architectural Practice Position Statement）和美国建筑师学会 2030 承诺（AIA 2030 Commitment）减少能源消耗的目标，前者号召在区域基准上减少最少 60% 的能源消耗。

建筑师提交的项目信息除了包括项目名称、地址、竣工时间，对建筑和场址做简要描述（如果在中间层有转变的话也需要简要列出）外，还需要描述可持续设计策略和创新，包括合适的朝向、负责任的土地利用、遮阳措施、自然通风等。最后建筑师需要提供一份小于 10MB 和 26 页的文件。其中至少有 4 张是说明项目在最初使用时的状态照片。另外，至少有 2 张是当前项目的使用状态照片。还需要说明项目最初状态场址和楼层平面，如果有变动还需要变动后的场址和楼层平面以协助评审作判断。

AIA25 年奖的评审委员会具有较大的包容性。以 2015 年 AIA25 年奖的评审委员会为例，该奖项委员会共有 9 名成员，其中有两位来自大学（一位是艾奥瓦州立大学教授，一位是劳伦斯技术大学的 AIAS 学生代表），一位来自圣路易斯公共图书馆的馆长，另外 6 位是分别来自不同城市的业界代表，并且该项评审明确不收取任何费用。

3. 历届 AIA25 年奖的作品简析

从 1969 年首次颁奖至今共有 46 个项目获得 AIA25 年奖（1970 年除外），见表 4-1。按建筑类型划分为办公楼、学校、教堂、图书馆、博物馆、美术馆、纪念碑、市场、机场航站楼及地铁站等类别。如果按建筑所属的地域划分，则在 2000 年以前的获奖项目的建设地点都在美国，而 2000 年后在沙特阿拉伯、西班牙、英国等国家和地区获得 AIA25 年奖的项目越来越多。这一方面反映了二三十年前美国建筑设计国际输出的状态，另一方面这类跨国设计的项目获得 AIA25 年奖某种程度上也成为 AIA 为会员和企业的背书，有利于美国建筑师在国际业务方面的拓展（图 4-1）。

历届 AIA 25 年奖获奖项目及相关信息

表 4-1

时间	项目名称	地点	设计者
1969	洛克菲勒中心	纽约市	莱因哈德 & 赫尔姆，科伯特、哈里逊 & 麦克默里
1971	乌鸦岛学校	温内特卡，伊利诺伊州	帕金斯威尔 & 威尔，埃利尔 &E·沙里宁
1972	鲍尔温山庄	洛杉矶	雷金纳德·D·约翰逊；威尔逊；美林 & 亚历山大；克拉伦斯·斯坦因
1973	西塔里埃森	天堂谷，亚利桑那州	赖特
1974	约翰逊制蜡公司办公楼	拉辛市，威斯康星州	赖特
1975	菲利普·约翰逊故居（"玻璃屋"）	纽卡纳安，康涅狄格州	菲利普·约翰逊
1976	湖滨大道 860 号和 880 号公寓大楼	芝加哥	密斯·凡·德·罗
1977	路德会基督教堂	明尼阿波利斯	沙里宁事务所，希尔斯、吉尔伯森 & 海斯
1978	埃姆斯住宅	太平洋帕利塞兹，加利福尼亚州	查尔斯和蕾·伊姆斯
1979	耶鲁大学美术馆	纽黑文，康涅狄格州	路易斯·康
1980	利华公司办公大厦	纽约市	SOM 建筑设计事务所
1981	范斯沃斯住宅	普兰诺，伊利诺伊州	密斯·凡·德·罗
1982	公平储贷大厦	波特兰，俄勒冈州	彼得罗·贝鲁奇
1983	普赖斯大厦	巴特尔斯维尔市，俄克拉荷马州	弗兰克·劳埃德·赖特
1984	西格拉姆大厦	纽约市	密斯·凡·德·罗

时间	项目名称	地点	设计者
1985	通用汽车技术中心	沃伦市，密歇根州	E·沙里宁和史密斯，欣奇曼＆格里尔斯
1986	古根海姆博物馆	纽约市	赖特
1987	Bavinger 房子	诺曼，俄克拉荷马州	布鲁斯·戈夫
1988	杜勒斯国际机场航站楼	尚蒂伊，弗吉尼亚州	埃罗·沙里宁
1989	母亲之家	栗子山，费城	Robert Venturi
1990	圣路易斯拱门	圣路易斯	E·沙里宁
1991	海滨牧场公寓	海滨牧场，加利福尼亚州	MLTW 事务所
1992	萨尔克生物研究所	拉·霍亚，加利福尼亚州	路易斯·康
1993	迪尔公司行政中心	莫林，伊利诺伊州	E·沙里宁
1994	干草堆山工艺学院	鹿岛，缅因州	爱德华·拉华比·巴恩斯
1995	福特基金会大楼	纽约市	DR 建筑事务所
1996	美国空军学院学员教堂	科泉市，芝加哥	SOM 建筑设计事务所
1997	菲利普斯埃克塞特中学 Library	埃克塞特市，新罕布什尔州	路易斯·康
1998	肯贝尔艺术博物馆	沃斯堡，德克萨斯州	路易斯·康
1999	约翰汉考克中心	芝加哥	SOM 建筑设计事务所
2000	史密斯住宅	达润，康涅狄格州	理查德·迈耶
2001	惠好公司总部	联邦路，华盛顿	SOM 建筑设计事务所

续表

时间	项目名称	地点	设计者
2002	米罗当代艺术馆	巴塞罗那，西班牙	塞尔特·杰克逊
2003	设计研究总部大厦	剑桥，马萨诸塞州	BTA 建筑事务所
2004	国家美术馆东馆	华盛顿特区	贝聿铭建筑事务所
2005	耶鲁大学英国艺术中心	纽黑文市，康涅狄格州	路易斯·康
2006	荆棘冠教堂	尤里卡温泉，阿肯色州	费耶·琼斯
2007	越战纪念碑	华盛顿特区	林璎，库珀莱基事务所
2008	艺术社区文化馆	新汉莫尼，印第安纳州	理查德·迈耶
2009	法尼尔厅市场	剑桥，马萨诸塞州	本杰明·汤普森
2010	阿卜杜拉国王阿齐兹国际机场—朝觐终端	吉达，沙特阿拉伯	SOM 建筑设计事务所
2011	约翰汉考克大楼	波士顿，马萨诸塞州	贝聿铭建筑事务所
2012	盖里住宅	圣莫妮卡	弗兰克·盖里建筑事务所
2013	梅尼尔收藏博物馆	休斯敦	皮亚诺建筑工作室
2014	华盛顿地铁	华盛顿特区	哈利威斯
2015	百老汇门交易所	伦敦	SOM 建筑设计事务所

图 4-1 历届 AIA25 年奖作品图

通过这份获奖名单，社会和潜在的业主很容易发现好的建筑和值得信赖的建筑师或建筑事务所。一些建筑大师确实实至名归，如著名的建筑师路易斯·康先后5次获得AIA 25年奖，弗兰克·赖特4次获得AIA25年奖，密斯·凡·德·罗3次获得AIA25年奖，理查德·迈耶2次获得AIA25年奖。有些优秀的建筑事务所也一直保持高水准的记录，如SOM事务所先后6次获得AIA25年奖，沙里宁及沙里宁事务所6次获得AIA25年奖，贝聿铭事务所2次获得AIA25年奖。这些建筑师不仅引领了建筑学的变革，又由于其高完成度的作品历经岁月考验后仍保持高质量的运行状态而得到社会的认同。此外，对比研究美国建筑师学会大奖（AIA Institute Honor Awards）的得奖名单和金奖（Gold Medal）的得奖名单，可以发现学会大奖和AIA25年奖有较大的重合度。对于美国建筑师而言，能够获得美国建筑师学会大奖是很高的荣誉，间隔多年后再获得AIA25年奖会更加珍贵。

仔细审视这些获奖建筑，不仅获奖时都已经历了25～35年的时间考验，而且对美国人的生活和建筑学也贡献了积极的意义。比如坐落在华盛顿的美国国家美术馆东馆，就是著名建筑师贝聿铭的代表作之一。当时的美国总统吉米·卡特是这样评价这个获得AIA金奖的项目："这座建筑物不仅是美国首都华盛顿和谐而周全的一部分，而且是公众生活与艺术之间日益增强联系的艺术象征"。纽约的西格拉姆大厦作为密斯·凡·德·罗在现代主义发展时期的代表作，不仅完美地表达了"少就是多"的讲究技术精美的倾向，其讲究的结构逻辑表现、精美细致的材质和工艺也影响了几代建筑师在摩天楼上的审美，更重要的是，这座优雅的建筑直到获奖时都一直在高效地运行使用。罗伯特·文丘里的母亲住宅，不仅是后现代主义的代表作之一，至今在橡树山上的房子仍有人持续使用，并富有浓郁的生活气息，是一座有生命力的建筑。

如果将视野再扩大一些，会发现获奖的不仅有博物馆、办公楼和住宅等类别，近年更有和美国人日常生活息息相关但以往不太容易获奖的类型，如基础设施类的项目，对这些动态我们应给予更多的关注和重视。以前建筑学的教育主要关注建筑在空间设计的手法技能，而很少涉及建筑的使用和运营，很少讨论人在里面的体验和感受。而美国业界和学界则十分关心这些，并会重点讨论如何在设计过程中平衡和协调各方面的因素。比如华盛顿杜勒斯国际机场航站楼，我们的关注点还在于埃罗·沙里宁的设计如何巧妙，向外倾斜的柱子在自重和屋顶荷载下形成悬链状，而很少讨论它每年的客流量以及各种交通高效组织和运行维护。再如华盛顿大都市地铁换乘站，当我们把目光仍关注在地铁站台上方中世纪样式的拱形混凝土，强调其纪念性并和华盛顿庄重的风格相协调，却很少谈及哈里·维斯的"大社会"自由主义，以及这是全美国仅次于纽约的第二大地铁系统（按日均乘客量计算）。这些建筑的影响是极其深远的，试问有多少建筑师能有这么多人去体验他们的作品？

除了美国建筑师学会全国范围的表彰，美国各地的地方建筑师分会也设置地方分会的25年奖，对当地使用良好的建筑进行表彰。以休斯敦琼斯表演艺术中心（Jesse H. Jones Hall For Performing Arts）为例，它是休斯敦交响乐团的驻场剧场，剧场包括可以容纳2911人的楼座。该建筑的策划和设计都由CRS事务所完成，1966年建成，1967年获得AIA大奖。近五十年来中心只做了两次整修，一次于1993年为满足美国残疾人法案进行改造，另一次则是因2001年热带风暴带来的损害而进行的改造。从这个角度，可以说是用运营几乎完美地契合了最初策划和设计任务书的要求。至今，该中心每年仍有近40万听众会来此参加各类活动，是当地最富有活力的艺术中心之一，历经风雨多年的考验而依旧生机勃勃。1993年该建筑获得美国AIA休斯敦分会颁发的25年奖，1994年获得得克萨斯州建筑师联合会颁发的25年奖。

4. AIA25年奖的借鉴

通过对美国 AIA25 年奖的分析，结合我国的实际情况，可对政府和相关行业组织提出以下几点经验借鉴：

首先，通过政府相关部门和行业组织制定相关标准，对所有国有投资的项目在运行一定年限后进行建筑使用后评价，并将评价的结论对公众公示。引入第三方的力量把使用后评价结论和当初项目立项和设计任务书进行比对分析，归纳经验总结教训，为后续类似项目的立项和设计任务书制定提供科学而逻辑的依据。

其次，在高校的建筑学教育和职业教育增加对建筑使用后评价的关注。在建筑学高等教育中强化建筑使用后评价以及对设计方案预评价，在学科团队建设中加强建筑策划和建筑使用后评价的研究。在执业资格考试方面增加建筑使用后评价的考点，在职业继续教育方面增加建筑使用后评价的培训。

最后，通过主管学会和协会设立类似于 AIA25 年奖的奖项。表彰一批优秀的设计作品和建筑师，引导建筑使用后评价的推进。这样的奖项设置在当前中国快速发展和大量性建筑质量普遍不高的大背景下，更显得紧迫和必要。让社会认识到建筑设计不仅仅需要一个好的创意，更是高水平的建筑策划和高质量的工程设计的综合；引导社会关注建筑全生命周期内的可持续发展，鼓励建筑长期运行保持较高的性能水平。

五、城市空间环境的评价与激励：以美国 APA 最佳场所为例

城市建成环境不仅是建筑物及其室内，还包括了城市的公共环境以及居民的社区。美国规划协会（American Planning Association）自 2007 年起对美国的公共场所进行评奖，称之为"Great Places"（下文称之为 APA 最佳场所奖），旨在表彰提升城市空间价值、增进城市生活街区活力、倡导更好

的城市空间设计。

1. APA 最佳场所评选程序和标准

美国 APA 最佳场所奖分为三大类：公共空间（Public Spaces）、街道（Streets）和街区（Neighborhoods）。其中，公共空间要求至少使用了 10 年以上，它可以是邻里、市中心、特定地区、滨水区或其他区域中的部分公共领域，有助于社会交往和地域属性的创建。比如广场、市镇中心、公园、市集、购物商场的公共区域、公共绿地、码头、会议中心的特定区域、公共建筑围合的场所、大厅、集合广场、私人建筑中的公共区域等。街道不仅是道路本身，还要求包括整个立体视觉走廊，含公共领域，以及它与周边空间使用的关系。从步行慢道空间到作为交通干道的道路，不同类型的街道均有资格申请，但是每一个街道都应该有一个可定义的起始点，特别是重点应该放在"街"甚过于"道"，也就是服务和考虑所有用户的街道，而不仅仅是机动车辆通行的场所。街区可以是通过规划生成的，也可以是更有机的自发生成的结果。不同类型的街区均有资格申请，如市区、城市、郊区、城镇、小村庄等。但任何一类社区都需要标出明确的边界，并且也要求必须至少是建成十年以上的社区才可以申请。

可以看出，APA 最佳场所奖申报资格有以下几方面。首先，除了街道外，公共空间和社区都要求建成 10 年以上，而街道则由于两侧建筑和公共领域的不断调整，难以界定具体的时间，但至少也要建成较长的时间。其次，要求所有提名的公共空间具有明确的边界。公共广场自不必说，街道要有明确的起始点，社区也要有明确的规划边界，或是可被识别的边界感。再次，三类公共场所不论何种具体类型和属性，都要有丰富的人群活动。这在提供给提名申请表的评选标准中也可见一斑。

APA 最佳场所奖的提名全年无休，在评选出当年的最佳场所后，当即开放下一年的提名。提名面向大众，民众可以以个人的身份提名自己居住或工作所在地、游访过的或者听闻的美国境内的任何一处街道、邻里和公共空间。但是 APA 理事会成员和 AICP Commission（美国注册规划师协会委员会）在任期间无权提名。具体提名步骤为：首先，提名者需要查看历年榜单，在 APA 的官网上可获得，有州、城市、名字和类别，但是没有获奖年份；其次，查看详细的评选标准，比对提名要求；第三，填写提名表，表格中除了一般信息外，针对街道有明确的起始位置，并且所有的场所提名都要概述 4～5 个提名理由或该场所最突出的特质；第四，在收到提名名单后，APA 会组织进行初选，对入选者要求提供 10～12 张场所照片，提交评审委员会进一步审查讨论。

除了在地理、人口、居民、规划参与、可持续建筑和场地（城市、郊区、乡村）等一系列重要因素之外，APA 还提供了如下评选导则供提名者参考，评选导则并非"必备特质"，但是却代表了最佳城市空间的设计的重要原则。

2. 最佳公共空间评选标准

首先，提名者需要描述公共空间的地段性质、人口及居民属性以及社会特征。阐述其地理位置（比如城市中、郊区、还是乡村）、性质（镇中心、邻里、滨水、城市中心、商业地区、娱乐地区、历史地段、公园等）、空间总体布局、可达性；经济社会和人种多样性；功能和业态。该公共空间是否有相关的专业规划和设计，通过规划途径形成，还是自发形成；是否有特殊的区划条例或别的规范要求；该公共空间的大小及建设时间等。

• **公共空间的基本特征**。促进人际交往和社会活动；安全、友好并容纳所有使用者；有趣且吸引人的设计和建筑；促进社区参与；反映当地的文化或历史；与周边的功能互动并相关；维护良好；有独特性或特色。

• **公共空间的特色和要素**。包括：公共空间如何利用单体设计、建筑、比例和尺度来创造有趣的视觉感受、街景或其他品质？公共空间如何容纳多种不同的使用功能和业态？如何满足不同的使用者？是否步行可达、自行车或公共交通可达？是否利用、保护并提升了所在的环境及自然特色？

• **公共空间的活动和社会性**。公共空间反映了怎样的当地社区特征和个性？公共空间是否促进社会交往，创造社区和邻里的归属感？集聚在此的人们是否能感到安全和舒适感？公共空间的设计和布局是否鼓励人们使用并和这片空间互动？

3. 最佳街道评选标准

提名者需要描述街道所处的位置，确定街道的起始点和终点，无论是在市中心、郊区还是外城区、小村庄或小镇的街道均可以接受提名。在街道描述中，需要着重回答一些和街道相关的问题，比如，"你是如何辨认出这条街的（第几街区、起点和终点）"等。

• **街道的基本特征**。街道应为用户提供方向，并与其他道路相联系；街道应平衡不同的路权使用，如驾驶、交通、步行、骑自行车、维修、停车、落车等；街道应适应并利用自然地形特征；具有多种有趣的活动和用途，创造了各种各样的街道景观；允许人群活动的连续性；为人际交往和社会活动提供平台；使用硬质铺装或景观园林手法提升品质；推广全天候公共交通，保障步行和机动车安全；通过减少径流、雨水再利用等措施，确保地下水质量、缓解热岛效应以及应对气候变化，促进可持续发展；以适当的成本保持良好的维护；具有令人难忘的特质。

• **街道形式和组成**。该街道如何适应多种使用者并连接到更广泛的街道网络？是适应社会互动，鼓励步行活动，还是作为一个社交网络？如何用硬质或软质景观、城市家具或者其他的物理元素来创造独特特征并形成公共空间的归属感？如何充分利用建筑设计、规模、建筑和比例？

•**街道的性格和个性**。该街道如何从社区参与以及公众活动（节日、游行、露天市场等）中获益？如何反映当地文化或历史？如何为游客、商家、居民等提供有趣的视觉体验、自然特征或其他品质？

•**街道环境和可持续发展的实践**。街道如何利用绿色基础设施或者其他可持续发展策略？

4. 最佳街区评选标准

提名者需要描述街区的地理位置（如城市、郊区、农村等）、密度（每英亩住房单位）、街道布局和连接、经济/社会和种族多样性、功能（如住宅、商业、零售等）。针对街区，还需要提供社区管理的相关社区组织的信息。

在关于社区的描述中，空间环境成为居民活动的载体，评审委员会更看重的是良好的空间设计和维护管理如何促进并影响社区内的居民交往和社会网联系。在社区介绍中要求描述街区周边的地理区域，公共交通在街区中的可达性，居民的同质性和异质性，支撑社区活动或者日常生活的设施（如住宅、学校、商店、公园、绿地、商业、教堂、公共或私人设施、公共街道、入口等），社区的基本特质，以及形成这种特质的社区公众参与和社区活动等。

•**街区的基本特征**。具有促进居民日常生活（即住宅，商业或混合用途）的各种功能属性；适应多种交通类型；具有视觉上有趣的设计和建筑特征；鼓励人与人的接触交流和社会活动；推动社区参与感，维护安全的环境；促进可持续发展并满足气候需求；有令人印象深刻的特点。

•**街区形式与组成**。街区是如何利用建筑设计、规模、建造和比例，去创造有趣的视觉体验、景色或者其他品质？如何容纳多个用户，并通过步行、自行车或者公共交通进入可为居民服务的多个目的地？如何促进社会互动，营造社区感和睦邻感？如何通过交通措施或其他措施为儿童和其他使用人群提供安全防范？如何使用、保护和增强该地的环境和自然特征？

•**街区的角色和个性**。街区是如何反映本地特色，以区别于其他街区？街区是否通过解读、宣传当地的历史来创造场所感和归属感？

•**街区环境与可持续发展实践**。街区如何推广和保护空气和水质，保护地下水资源，应对气候变化带来的日益增长的威胁？采用了什么形式的"绿色设施"（例如用当地植被来减轻热增益）？采用什么措施来保护和加强当地生物多样性或当地的环境生态环境？

5. APA 最佳场所获奖作品分析

从 2007 年到 2016 年的十年间，APA 共评选出 261 个"最佳场所"，涵盖了美国 51 个州的 188 个城市，包括 80 个最佳公共空间、91 个最佳街道和 90 个最佳街区（表 4-2）。在获奖作品中，既有如芝加哥千禧年公园（Millennium Park，2015 年最佳公共空间）、波士顿后湾区（Back Bay，2010 年最佳街区）、纽约中央公园（Central Park，2008 年最佳公共空间）、第五大道（Fifth Avenue，2012 年最佳街道）等久负盛名的经典城市空间，也有像费城里滕豪斯广场（Rittenhouse Square，2010 年最佳公共空间）这样专属于本地居民每日都会去闲暇消遣的广场，和基韦斯特杜瓦尔大街（Duval Street，2012 年最佳街道）那样年均接待两百余万名游客的景点类大街。

历届 APA 最佳场所获奖作品（部分）   表 4-2

年份	获奖类别	州	城市	获奖项目
2007	社区	纽约	布鲁克林	公园坡
2007	社区	华盛顿	西雅图	派克市场
2007	街道	路易斯安那	新奥尔良	圣查尔斯大道

续表

年份	获奖类别	州	城市	获奖项目
2007	街道	弗吉尼亚	里士满	纪念碑大道
2008	社区	科罗拉多	丹佛	大公园山
2008	社区	宾夕法尼亚	费城	社会山
2008	公共空间	纽约	纽约	中央公园
2008	公共空间	哥伦比亚特区	华盛顿	联合火车站
2008	街道	宾夕法尼亚	费城	宽街
2009	社区	加利福尼亚	帕萨迪纳	平房天堂
2009	公共空间	伊利诺伊	芝加哥	林肯公园
2009	街道	密歇根	安阿堡	南大街
2010	社区	科罗拉多	丹佛	低市中心
2010	社区	马萨诸塞	波士顿	后湾
2010	公共空间	马萨诸塞	波士顿	翡翠项链公园
2010	公共空间	宾夕法尼亚	费城	黎顿豪斯广场
2010	街道	加利福尼亚	圣地亚哥	第五大道
2011	社区	俄亥俄	哥伦比亚	德国村
2011	公共空间	德克萨斯	达拉斯	菲尔公园
2011	街道	密苏里	圣路易斯	华盛顿大街
2012	社区	宾夕法尼亚	费城	栗树山
2012	公共空间	科罗拉多	丹佛	华盛顿公园
2012	公共空间	伊利诺伊	芝加哥	芝加哥联合车站
2012	街道	佛罗里达	基韦斯特	杜佛街

年份	获奖类别	州	城市	获奖项目
2013	社区	加利福尼亚	旧金山	唐人街
2013	公共空间	加利福尼亚	洛杉矶	格兰德公园
2013	街道	宾夕法尼亚	费城	富兰克林大道
2014	社区	华盛顿	西雅图	弗里蒙特
2014	社区	科罗拉多	丹佛	阿尔玛/林肯公园
2014	公共空间	宾夕法尼亚	费城	里丁车站市场
2014	街道	纽约	纽约	百老汇大街
2014	街道	哥伦比亚特区	华盛顿	宾夕法尼亚大街
2015	公共空间	伊利诺伊	芝加哥	千禧公园
2015	街道	佛罗里达	杰克逊维尔	劳拉街
2015	街道	加利福尼亚	洛杉矶	墨西哥街
2016	社区	罗德岛	沃伦	沃伦市中心
2016	公共空间	宾夕法尼亚	费城	费尔芒特公园
2016	街道	纽约	布朗克斯	亚瑟大道

　　值得一提的是，拥有多处获奖公共空间的城市往往有良好的公共交通系统，如费城中心区有 7 处获奖，纽约曼哈顿岛有 6 处获奖，波特兰有 6 处获奖，华盛顿特区有 5 处获奖，芝加哥有 5 处获奖等。一方面，步行优先的环境为公共场所提供了良好的可达性，并便于停留和漫步进行社会交往；另一方面，随着美国中产阶级重新回归中心城区的城市更新举措，公共交通为导向的开发能够有效地带动城市功能的活化和发展，进而为公共场所、街道、街区的活力提供坚实的保障。

从评选标准和获奖作品中可以看出，城市空间良好品质具有丰富多元的特质，各具特色。但是，几乎所有的作品都展示了高品质的城市空间和社会生活，以及对历史文化或自然生态的关注。丰富而优秀的公共空间组成了整个城市的独特特质。比如，费城的 7 处获奖公共场所中，社会山（Society Hill）和栗树山（Chestnut Hill）是两大截然不同的高品质街区：前者位于旧城历史文化遗产区，具有浓厚的历史人文特色；后者位于费城郊区，是风光秀丽、环境品质极高、拥有多处建筑大师名作的高档社区；百老汇街（Broad Street）和本富兰克林公园大道（Ben Franklin Parkway）相比，前者知名度不高，却是城市核心区最具活力热闹的节日大街；而后者是全美最具纪念碑式的宏伟大道之一，沿街挂满了全球各国国旗，也是城市规划历史中城市美化运动的经典范例；至于三个公共空间，里滕豪斯广场（Rittenhouse Square）是城市中心的生活街区，费尔蒙特公园（Fairmount Park）是城市棕地修复的景观公园；而雷丁火车站商场（Reading Terminal Market）则是废弃工业设施再利用和城市更新的典范。

每年的 10 月是全美社区规划月，奖项也在此时颁布。作为空间使用后评估的奖励机制，最佳场所奖的颁布，对于政府而言，是通过规划设计业界权威的认可，制定空间设计指南，更好地督促城市建设；而对于地方政府而言，美国的各州各市之所以积极踊跃地提名申请最佳场所，是因为获得的奖牌归于地方部门，他们或将其铭刻在公共场所的标志上，或刻于地上，甚至借助 APA 为此设计的一系列服装和工业衍生产品，用于奖项和名声的宣传与推广。

6. APA 场所设计指南

良好的反馈和评选机制最终目的是为了促进城市空间的改良和未来的设计。美国规划师协会在总结了过去十年间的 261 个最佳场所案例后，总结出如下供业主和设计师参考的设计指南（表 4-3~ 表 4-5）。需要指出的是，指南并非一成不变，随着新的案例使用后评估所发现的经验，设计导则和指南也在不断地更新和调整。比如，在最佳公共空间、街道和街区的评选标准之初，空间形态和环境品质占据了最主要的内容，但是近年来，可持续发展、绿色基础设施的应用，以及生物多样性的保护等，都逐渐成为设计中极其重要的考量环节。

最佳公共空间设计导则 表 4-3

导则要素	分项要素
1.0 特色和要素	1.1 有哪些景观和硬装特色，如何形成独特的自然景观？ 1.2 如何为行人及通过自行车和其他公共交通方式到达空间的使用者提供便利？是否考虑到残疾人或其他有特殊需求的使用者的使用感受？ 1.3 是否容纳多种多样的活动？ 1.4 为周边社区的发展起到什么样的作用？ 1.5 公共空间如何利用地形、街道和地理特征营造出丰富有趣的视觉感受、街景和其他高品质空间？ 1.6 壁画等公共艺术是否融合到公共空间中，如何融合？
2.0 活动和社会性	2.1 这个公共空间有哪些吸引人和鼓励社会交往的活动？（比如商业、娱乐或演出，休闲或体育，文化，市场或零售，展览，市集、节日、特殊事件等） 2.2 使用者是否感到安全和舒适？该公共空间是否提供了友好和温暖的氛围？ 2.3 人和人之间如何互动？公共空间的设计是否鼓励交流沟通，或者陌生人之间的互动？ 2.4 公共空间如何通过多样化的设计鼓励人们使用？
3.0 独特品质、交通和特性	3.1 是什么让这个公共空间脱颖而出，独特而让人难忘？ 3.2 是否有多样性，有一种奇特的感觉，或者是一种发现或惊喜的氛围？ 3.3 是否承诺维护该空间，并让它在一段时间内保持可用？公众对这个空间有一种归属感吗？它是如何随时间改变的？ 3.4 该空间有一种重要的感觉？是什么特点或品质使它重要？ 3.5 这个空间的历史是怎样的，它是怎样被一代又一代传承下来的？ 3.6 这个空间是作为一个灵感或冥想的地方，或被认为是神圣的？ 3.7 该空间对于社区感的贡献是什么？ 3.8 是什么使这个空间特别，值得被指定为一个伟大的空间？

最佳街道设计导则   表 4-4

导则要素	分项要素
1.0 街道的形态与构图	1.1 描述它和更远的街道网络间的可到达性和联系。 1.2 街道在什么程度上能保持良好？安全问题是如何解决的？白天和夜晚有很大的区别吗？(比如活动、使用性等) 1.3 它如何容纳多种用户和活动（即连续畅通的旅行路线、道路共享的措施，交通稳定措施，宽阔的人行道，中间带和自行车道等）？ 1.4 停车如何办理？ 1.5 描述一下硬质或景观，街道家具，或其他物质因素（如标志、公共艺术等）创造了一个独特的个性。 1.6 这些物质因素是如何创造或者捕捉到公共空间的感觉的？ 1.7 该街道如何包容社会以及鼓励社会互动的，或者充当社交网络的角色？有固定的行人活动吗？
2.0 街道的性格与个性	2.1 是什么使这条街脱颖而出？是什么让它与众不同令人难忘？什么元素、特征或细节使它与别的街道区别开来？ 2.2 社区是如何为街道增添活力的（节日、游行、露天市场等）？ 2.3 该街道是如何反映当地文化或历史的？ 2.4 该街道提供哪些有趣的视觉体验、前景、自然景观，或者别的品质？建筑物的构造如何加入到街道的视觉体验和公共区域里去？ 2.5 建筑物之间的比例是否一致（即建筑物彼此之间成比例）？建筑物的设计和比例充分考虑到行人了吗？
3.0 街道环境和可持续性实践	3.1 该街道是如何促进保护空气和水质，以及减少或管理雨水径流的？例如，要提供多少树木植被，还有其他形式的"绿色基础设施"吗？

最佳街区设计导则 表 4-5

导则要素	分项要素
1.0 街区表格和指南	1.1 该街区在一个容易被找到的地点上吗？它的边界是什么？ 1.2 该街区是如何适应周边环境和自然环境的？ 1.3 街区里不同地点之间的距离大概是多少？这些地方都在步行或骑行可达的里程内吗？步行或骑行就能到达社区内各种功能需求的地点吗？描述（入口、公园、公共空间、购物区、学校等）。行人和骑行的人又如何安排（人行道、路径、指定的自行车道、共享道路标牌等）？ 1.4 街区如何促进居民互动，促进人际接触？如何创造一种交流感和睦邻感？ 1.5 街区能否保证安全，远离犯罪？是否被认为是安全的？街道是怎么为儿童和其他人员创造安全的（例如交通措施，其他措施）？ 1.6 建筑物之间的尺度是否一致（即建筑物是否互相成比例）？
2.0 街区的角色和个性	2.1 是什么使这个街区脱颖而出？什么使它非凡或者难忘？什么元素、特征反映了街区的本地特征，并将该街区与其他街区分开？ 2.2 该街区能否提供有趣的视觉体验、景观、自然特征或者其他品质？ 2.3 房屋或其他建筑物如何创造视觉兴趣？房屋和建筑物是否以行人来设计和做比例的？ 2.4 如何保留、解释、利用当地的历史来创造一种场所感？ 2.5 街区是如何改变的？包含具体的例子。
3.0 街区环境与可持续发展实践	3.1 街区如何应对气候变化带来的日益增长的威胁？（例如用当地植被来减轻热增益） 3.2 街区如何促进和保护水质，如果可以的话，怎样保护地下水资源，减少或者管理雨水径流？还有别的形式的"绿色设施"吗？ 3.3 对于保护当地生物多样性或者环境有什么具体措施和做法？

六、后评估课程教育与职业实践教育的国际发展

1. 后评估在建筑课程中的拓展：以巴西为例

从广义上来看，使用后评估可以是对经济投资、项目绩效、空间性能、能源效率、用户需求、管理过程等各个方面的评估。但落实到城市建成环境和建筑物上，则需要和城市规划以及建筑设计课程紧密相关。很多国家纷纷

在规划和建筑的教学培养体系中纳入了后评估方法学的课程，并在研究阶段注重理论、方法和实际应用的紧密结合。

巴西的使用后评估开始于 20 世纪 70 年代圣保罗科技研究所的跨学科工作人员的引进，旨在对社会性住宅展开评估。1984 年，圣保罗大学建筑与城市规划学院首次将后评估引入研究生课程，开设了"使用后评估设计方法学"课程。至今已经发展为"建成环境使用后评估"这一专门课程，由巴西学者和作为客座教授的国际专家共同授课。自 1990 年以来，圣保罗大学建筑与城市规划学院将使用后评估作为本科选修课，目的是培养后评估实践领域的专业人才，并激发学生对于后评估研究的兴趣。2005 年，巴西联邦政府的工程、建筑和农学委员会将使用后评估引入建筑师实践领域，自此巴西的本科建筑学课程培养体系正式将使用后评估纳入其中。在研究生教育阶段，圣保罗大学建筑与城市规划学院提供了更加广泛的对于使用后评估的理论教学，还包括了对不同类型建筑物使用后评估的案例教学。此举激发了更加深入地使用后评估的理论研讨，和对最新评估工具的研究。此外，圣保罗大学还通过对建筑设计、建造和建筑运营维护领域的教师的培训，鼓励尽可能多的多学科交叉小组展开后评估领域的研究。与此同时，公私合作制也引入使用后评估的研究，先后涉及高层办公楼、卫生设施、学校建筑、住宅建筑以及地铁站等类型。这些使用后评估研究团队都由高等院校与政府教育部门合作成立，有效促进了理论研究与政府决策之间的结合。

2. 全生命周期视角下的使用后评估教学：以德国为例

在德国，建筑与土木工程学科由来已久，但使用后评估作为建设项目管理在 2000 年纳入学科建设体系。这是由于德国建筑行业在 20 世纪 90 年代得到进一步发展的结果。德国建筑行业关注的是整个生命周期，因此使用后评估是被纳入了建筑性能评估的整体闭环之中进行操作。在课程中，学生需要了解建筑全生命周期各个阶段各自独立却又相互依存的关系。因此，建筑策划、初期设计、建造和长期入住之后的测评都十分重要。

德国关于建设项目管理和使用后评估的教学采用的是实践经验、文献和案例教学相结合的方式。在建筑绩效评估流程模型之中，课程采用了分阶段教学法。比如在德国比勒菲尔德应用科技大学的建筑与工程学院，首先使用瑞士制药公司的案例"战略规划－效能评估"介绍战略规划的评估和决策环节；进而，在"设施策划－程序审查"则介绍了建筑策划和方法的重要性，并着重探讨了建筑策划决策与相关性能标准制定之间的关系；第三阶段"设计－设计审查"采用了德国一所高中改建的案例，充分纳入了师生的研讨和参与，达成对高中改建的共识；第四阶段采用了德国建筑师彼得·哈默（Peter Hubner）的工作，以一所学校在实际的试运行和运作中，如何纳入学生的参与和反馈来讨论"施工－调试"的过程；第五阶段则是"入住使用－使用后评估"阶段，在这一阶段中，课程着重介绍了评估建筑物的各种方法和工具，学生同时还可通过采用"职业调查"方法对大学校园进行调查，掌握方法的实际应用；最后一个阶段"改造和回收－市场需求分析"则以德国柏林会议中心为例，着重探讨这一德国柏林地标建筑在国际商会低效运作之后，新的改建和回收策略的决策与分析过程。通过一系列讲座和练习，学生对建筑生命周期和内部审查闭环的各个阶段都有了更深入的了解，也理解了用户参与和信息反馈对提高用户满意度调查和建筑物接受度的影响。在此理论基础之上，学生可以有选择地展开对建筑全生命周期的各个阶段的深入研究，尤其是第二阶段"策划－程序审查"，和第五阶段"使用后评估"，形成有效的前后反馈和验证机制。

进一步的"使用后评估"阶段是建筑生命周期的重点，也是最长的一个调查阶段。在这个过程中，要求学生积极参与，完成设计作业是最后的考核指标。首先，学生被要求选择城市建成环境的一些小品、家具和公共场所进行调查，进而组成 2 ～ 3 人的团队选定具体城市地点进行案例研究，进行使用后评估方法的联系。随后，学生将自主选择建筑物，有针对性地采用使用后评估程序展开综合调查。一方面，学生被要求充分了解入住之后用户的实际利益和诉求，另一方面，学生通过和预先设定的性能标准进行比较，获得对建筑物实际性能和运营效率的反馈。

很显然，虽然建筑性能评估的各个阶段闭环属于项目管理的重要组成部分，建筑生命周期相关的行业也远不止是建筑师的工作，还纳入了很多其他专业人士，如设施经理、项目经理、施工团队、建造投资方等各个团体。但是，基于建筑学的研究重点，以及建筑行业工作的特殊性，使得建筑师这一专业人才责无旁贷地需要担负起领导整个建筑项目全生命周期和业绩评估的工作。他们既具有管理和建筑背景，也需要拓展在环境行为和心理学、公共管理学等方面的知识和技能。总而言之，对于使用后评估和建筑性能评估的教学，需要贯穿学生的整个课程培养体系，并不断渗透在各个方面。

3. 探究式教学方法在使用后评估中的应用

使用后评估是一种重要的思维范式，有助于激发未来建筑师的文化和环境反应能力，并锻炼发现问题和寻求解决之道的批判精神。以建筑环境作为教育媒介，学生可以更深入地了解人和人之间的关系，以及空间与可持续设计因素之间的关系，进而避免传统教学实践中重空间、轻使用的一些问题。因此，使用后评估的课程教学应是一种"探究式教学"方式，强化通过互动的学习机制来引入对研究方法、研究目标、问题搜寻的深入了解。传统建筑学教育中，学生学习的是设计和艺术，空间环境的造型，偏向于"什么"（what）；而在使用后评估的调查中，学生能够了解到"如何"（how）和"为什么"（why），进而更好地佐证最后的设计、策划和决策。

使用后评估作为一种探究式学习，注重第一手资料的获取和识别。这也是对传统教学实践过于偏向于二手资料和知识传授的一个良好补充。第一手资料能够使学生尽可能接近实际发生的事件，或了解在某个历史阶段或时间段建筑物的空间性能状况，这提供了全新的一套知识体系的研究方法。比如，建筑、城市规划专业的学生学习了实践社会科学、数据收集和分析工具等，他们还学习了如何将关键问题与假设相结合，以及如何使用调查结果作出结论。这些都是未来实践的宝贵经验和知识。

另一方面，相当一部分学生接受的建筑教育是基于理论和经典案例的感知，比如课程通常鼓励学生通过理论或者类型学来解释现有的建筑环境，并且总是选取公认经典而杰出的例子。然而，在这些理论的基础上，仍然隐藏着有关建筑环境和与之相关的人的假设，并非完全来源于实际调查。而在使用后评估的教学内容中，重点要学习的"教训"就是谎言和似是而非的假设。因此，引入对实际建筑的探究式学习将锻炼学生建立对现有动态环境的观测行为，进而解释它们的概念和理论以及由此产生的学习成果之间的联系。同时，评估研究和探究性学习对建筑和城市教育学的贡献在于，传统固有的，主观的，难以验证的对建筑环境的概念理解的补充是由结构化的文献来解释，而使用后评估则以系统的方式在教室或校外为学生带来了批判性的思考方式。

在探究式教学方法中，人类学民族志方法是一个重要的部分。民族志研究方法在建筑研究中占有一席之地。在文化和社会建筑课程中，民族志现场调查是一个重要环节，它能为建筑决策提供有用的信息。民族志学研究最终侧重于确定建筑物的人类经验的多样性，而不是试图验证或批评建筑设计决策。在使用后评估中，学生可以通过图纸了解建筑师的意图，但更有效的是见到建筑师本人，通过交谈了解设计意图和过程中出现的问题，也要通过采访建筑物的物业管理团队。通过实际调查，学生们将现场研究的结果提供给管理负责人和建筑师，并向建筑师提供反馈意见，使他们更加了解设计未来建筑物的居民经验，并帮助设施经理对当前建筑进行适当的调整。实际项目研究对建筑教育、专业实践和社会科学研究都产生了影响。通过向实验室提供数据和文献综述，使用和评估研究成果的研究成果超越了课堂范围，从而向学生展示了实践中社会和文化研究的价值。

第五章
"前策划，后评估" 的国内研究实践

一、2008 北京奥运会柔道、跆拳道比赛馆建筑策划与运行后评价

2008 年北京奥运会柔道跆拳道馆是一个特殊的建筑项目，不仅因为它是为奥运柔道、跆拳道比赛而设计，更是因为它建设在大学校园里，具有特殊的地理人文环境、校园的场所特点、管理和运营的校园化特征。这些先天条件决定了这一奥运会比赛场馆的与众不同。本节着重分析北京科技大学体育馆（2008 年北京奥运会柔道、跆拳道比赛馆）的前期策划理念在后续设计中的落实，并通过对近五年来该场馆的使用后评估调查，基于"前策划、后评估"这一闭环理念，分析体育类公共建筑的使用后评估重点，及其对建筑策划理念及设计策略的反馈[37]。

1. 基于建筑全生命周期使用视角下的策划理念生成

体育建筑特别是奥运会场馆的建设是一次性投资巨大的建设项目，往往要动员全社会的力量，因此赛后利用和经济投资回报是策划和设计的重要考量因素之一。1984 年美国洛杉矶奥运会利用大学及社区现有体育场馆，或在大学兴建新场馆，赛后为大学所用的运作模式为后来许多争办奥运会国家所效仿和借鉴。2008 年北京奥运会十二个新建场馆中有四个落户在大学里，它们是北京大学的乒乓球馆、中国农业大学的摔跤馆、北京科技大学的柔道跆拳道馆和北京工业大学的羽毛球馆。这也是借鉴奥运史上成功经验的明智决策。

图5-1 2008年北京奥运会柔道跆拳道馆立面实景图

　　一般意义上的建筑设计是一个由策划提出（搜寻）问题进而由设计解决问题的综合过程。奥运比赛的特殊规定、项目选址的特殊环境、赛后功能转换的特殊要求都是本项目在设计伊始摆在策划团队面前的问题。对高校而言，奥运比赛的要求远远高于学校日常教学、训练和一般比赛的需要。如何在高投入之后既满足奥运要求，又使学校在长远的使用中不背负高运营成本的经济压力，合理定位和前期策划是极其重要的。奥运会短短的十几天很快就会过去，可学校对体育馆的使用、运营和管理却是持续而长久的。合理设置空间内容，确定标准，选择适当的技术策略，精细地考虑赛中赛后的转换，以及临时用房和临时坐席的技术设计都将对大学未来的使用带来深远的影响，这也是关系到奥运遗产能否可持续传承的大问题。

　　基于建筑全生命周期视角，策划团队没有采用惯常的按照奥运大纲和单项联合会的设计要求一步步去实现空间组合的做法，而是采用了"立足学校长远功能的使用，满足奥运比赛要求"的理念。设计的首要原点是契合学校的场所精神，符合学校特有的使用特征。体育馆功能的组成、空间的设置、赛后空间功能的转换及技术策略的选择都以此为原点。而后在此基础上按照奥运大纲和竞赛规则梳理奥运会比赛的工艺要求。策划思路明确，定位清晰，

图 5-2 2008 年北京奥运会柔道跆拳道馆室内实景图

设计方案顺利出台。通过专家评审委员会审查评比，方案评审中建筑专家、奥运单项联合会专家官员及学校使用方都充分肯定了本团队的理念和设计方案，清华大学建筑设计研究院的方案入围，进一步深化。之后，又经过了近若干个月的方案调整，2005 年 4 月收到正式中标通知开始初步设计和施工图设计，2005 年 9 月完成施工图，10 月项目正式开工，2007 年 11 月竣工验收。设计及配合施工历时三年。

2. 大事件赛时与可持续赛后的合理功能安排

北京科技大学体育馆（2008 年北京奥运会柔道、跆拳道比赛馆）作为北京 2008 年奥运会的主要比赛场馆之一，在奥运期间，承担奥运会柔道、跆拳道比赛，在残奥会期间作为轮椅篮球、轮椅橄榄球比赛场地。工程由主体育馆和一个 50m×25m 标准游泳池构成，总建筑面积 24662.32m²（图 5-1、图 5-2）。

·比赛区场地

主体育馆比赛区场地为 60m×40m，是奥运大纲中对柔道跆拳道比赛要求的场地尺寸。这一尺寸也恰好满足布置三块篮球场的基本要求。从立足学校长远使用出发，场地须最大限度地满足教学、比赛、训练、集会和演出等高校使用的基本功能，这一点就作为平面功能组合的最基本原则和前提。在一般高校的综合体育馆里这样大尺寸的内场场地并不多见，其原因就是大场地会造成环绕场地坐席排布的分散，观众厅空间加大，而且会造成在小场地比赛项目时，视距过远。满足奥运比赛要求和追求尽量大的内场以满足赛后多块篮球（甚至手球）场地的布置与赛后小场地比赛的观演存在矛盾，解决这一矛盾的方法就是在内场设置活动看台。

·固定看台、临时看台、活动看台

根据奥运大纲的要求，柔道跆拳道馆的坐席数量必须达到 8000 座。但考察我国高校普通场馆的规模和使用特征，坐席数量一般设为 5000 座。因此立足学校长远的使用要求，永久席位应以 5000 座为宜，另设 3000 座为临时坐席，赛后拆除。

由于馆内场比赛区尺寸较大，如果 5000 固定坐席围绕场地布置，3000 临时坐席又无法布置在比赛区内，赛后势必造成内场空旷，视距过远和空间浪费。所以设计团队以学校实际使用情况出发，将 3000 个左右的临时坐席以脚手架搭建方式集中设在南北固定坐席之后的两块方整的平台上，赛后拆除座椅，可留下完整的两块场地。在比赛内场沿四边设置了 1000 个左右活动坐席，赛中及赛后教学训练时可以靠墙收入，不影响内场的使用。

最终设计观众坐席 8012 个，其中观众固定坐席 4080 个，搭建 3932 个坐席临时看台，满足奥运会柔道、跆拳道比赛及残奥会轮椅橄榄球、轮椅篮球比赛的要求。奥运会后，临时看台拆除，内场设有 1230 个坐席活动看台，可以自由收放，总体可达 5050 标准坐席，可承担重大比赛赛事（如残奥会盲人柔道、盲人门球比赛、世界柔道、跆拳道锦标赛），承办国内柔道、跆拳道赛事，举办学校室内体育比赛、教学、训练、健身、会议及文艺演出等，校内游泳教学、训练中心及水上运动、娱乐活动的场所。

·赛中热身馆与赛后游泳馆

从在项目立项开始，该馆就策划有包含 10 条标准泳道（50m×25m）的游泳馆。同样，设计团队立足学校长远使用，游泳馆的设计与主馆紧密结合，运动员区与淋浴更衣紧凑布局，考虑学生教师的上课和对外开放，设有足够的更衣与淋浴空间。配合教学上课，设有宽敞的陆上训练和活动场地，并且在泳池边陆上场地设置了地板辐射采暖，为赛后学生和教师使用提供了人性化的设计。

作为奥运柔道跆拳道馆，其功能组成中并不需要游泳池，而热身馆则是奥运场地必备空间，赛中游泳池被加上临时盖板，作为柔道跆拳道热身场地。由于游泳馆与主馆的紧凑布局，使泳池改造的热身场地与比赛场距离很近，联系极为方便和顺畅。这又是前期策划对设计理念的一个实现。

·赛中功能定位与赛后功能转换

在设计中，设计团队以赛后长远使用为出发点，充分考虑赛后功能的转换。考虑赛后体育馆所处的学校体育运动区能更大程度地为师生提供运动场地，总平面设计中尽量集中紧凑布局，力求在立面创新、符合场所精神的前提下，选取体形系数较小的单体造型，尽量节约用地，空出场地为师生赛后教学、锻炼健身使用。将体育馆南北两侧的健身绿化场地在赛时设为运动员、媒体及贵宾停车场，东侧沿主轴线设计成五环广场，赛后结合校园道路形成有纪念意义的永久性体育文化广场，五环广场南北侧的投掷场和篮球、网球场赛时作为 BOB 媒体专用场地（表5-1）。

策划中馆内各空间赛时赛后转换   表 5-1

赛时功能	赛后功能
新闻发布厅	舞蹈教室
分新闻中心	学生活动中心
贵宾餐厅	展览休憩
单项联合会办公	体育教研组
运动员休息检录	学生健身中心（赛时热身场地）
赛时热身及竞委会	标准游泳池
兴奋剂检查站	按摩理疗房
裁判员更衣室	健身中心更衣室
贵宾休息室	咖啡厅
临时观众席	篮球练习馆（或其他球类练习馆）

此外，考虑场馆的所在地域和位置、朝向，在设计中贯彻的东西立面以
实墙为主、南北主入口结合二层休息平台、方便拆卸的脚手架式的临时坐席
系统、光导管自然采光系统、多功能集会演出系统、太阳能热水补水系统、
游泳池地热采暖系统等设计策略的实施等都实现了当初"立足学校长远使用，
满足奥运会比赛要求"的设计理念。

3. 北京科技大学体育馆使用后评估研究

一般来说，一座奥运场馆从赛时运营转变为赛后运营模式，通常需要
1～3 年的时间，而评价奥运场馆为城市发展带来的远期效益，则需要 5 年
以上的时间。历史上很多案例表明，奥运会及奥运场馆在赛后对城市的影响，
可能会在 5 年之内产生很大的变化。例如，2000 年悉尼奥运会，由于在赛前

没有对奥运场馆及奥运公园制订完善详细的赛后运营方案，很多场馆在奥运会后头两年的利用情况十分糟糕。幸运的是，悉尼政府及时意识到了这一问题，在 2002 年启动了奥林匹克园区的"事后规划"，在这之后，奥林匹克园区及各场馆的运营状况有了较大的改观。与此相对应的是 2004 年雅典奥运会，希腊政府为举办奥运会斥资近百亿欧元，奥运会结束后的 3 年内，希腊经济发展指数一度因受到奥运会的刺激而大幅攀升，但在 2008 年之后，奥运会的经济刺激作用大幅减弱，希腊经济开始下滑，至 2010 年降至低谷，雅典很多奥运场馆的赛后运营计划被搁置，有些场馆甚至沦为废墟，场面萧条。很多学者认为，希腊奥运会过大的资金投入并没有达到预期的效果，希腊经济危机与当年奥运会制订的经济策略的失误有直接关系。有鉴于此，在北京奥运会成功举办 5 周年时，策划设计团队对奥运场馆的赛后运营状况进行了全面的调查，这对于评价赛前制订的场馆赛后空间功能预测是否合理，赛后运营方案是否有效，具有重要的意义[38]。

奥运会场馆的赛后运营具有很大的不确定性，并没有所谓的"范式"可以套用。希腊政府为展示国家形象，斥巨资修建宏伟的场馆来举办雅典奥运会；而 1984 年洛杉矶奥运会则是一届充满十足"商业味"的奥运会，主办方并没有新建过多的豪华场馆，而是着重考虑如何利用最少的成本让奥运会产生最大的经济效益和社会效益。首尔 1988 年奥运会的主体育场是 1976 年修建的旧场馆，而 2002 年世界杯使用的则是新建的 6.5 万人体育场，根据赛后评估，2002 年世界杯体育场的运营状况反而远远好于奥运会的首尔市体育场。因此，奥运场馆的赛后运营计划必须根植于举办国和举办城市的实际情况做认真的分析评估，只有这样才能最大限度地确保场馆赛后的空间预测和运营的准确性、可行性及可持续发展性。

在参考了历届奥运会场馆赛后运营的案例基础之上，北京奥运会主办方根据北京市的实际情况，综合了历届奥运会的成功经验，为 37 座奥运场馆制定了相应的投资、招标建设以及赛后运营方案，无论是投资形式、融资渠道，还是场馆的赛后运营策略，都呈现出多元化和综合化倾向。以 12 座新建奥运场馆为例，在场馆融资方式的规划上，体现为国家财政投资、项目法人自筹、社会捐赠、高校自筹等多样化方式。在赛后运营策略的规划上，设置为 2 座场馆将作为国家队训练场馆，5 座场馆转型为娱乐休闲演艺综合设施，1 座场馆成为专业体育赛事主场，还有 4 座场馆将成为所在高校的综合体育馆[39]。虽然各场馆的赛后运营模式不同，但基本秉持了服务奥运、立足社会的基本理念。

2008 北京奥运柔道跆拳道馆（北京科技大学综合体育馆）赛后运营的实态调查：2008 北京奥运柔道跆拳道馆（北京科技大学综合体育馆，以下简称北科大体育馆）在奥运会和残奥会期间作为柔道、跆拳道、轮椅篮球和轮椅橄榄球的比赛场馆，在奥运会结束后立刻开始进行赛后改造。由于北科大体育馆在方案设计阶段就已经考虑到了赛后利用问题，并在场馆施工前就专门绘制了一套详细具体的赛后设计图纸，因此在场馆的赛后改造过程中严格按照赛后图纸进行施工。主要改造内容包括拆除热身区的临时房间和泳池架空的临时地面，将其恢复为游泳馆，以及拆除 3 层的临时座椅，在原有地面铺设球场地板和地胶成为运动区。整个改造工程于 2009 年 7 月结束，2009 年 9 月正式对校内师生及校外人员开放。

从奥运会结束直至现在，除赛后场地改造和控制系统改造外，北科大体育馆没有对场馆进行任何大的结构改造。现状平面几乎与当初的赛后设计图纸平面完全相同，只是在房间的功能安排上有所差异。在赛后功能的策划中包含了羽毛球、篮球、游泳、舞蹈、学生活动中心和咖啡厅等功能，在实际情况中，运营方将更多的功能放入了场馆中，使得整个场馆的空间效率比预期更高。目前该场馆各空间的功能分布如表 5-2 所示。

实际场馆各空间的功能分布   表 5-2

赛时空间	赛后图纸设定的功能	目前状况下的功能
中心比赛场	学生运动场	20 块羽毛球场地（可灵活转换为舞台、招聘会场以及各种运动比赛场地）
赛时热身场地和检录处	健身中心	15 块乒乓球场地、形体操房
南侧热身场地、运动员休息区、比赛运行中心	游泳馆	游泳馆
地下人防	地下人防	健身中心
成绩复印室	转播区	动感单车健身房
贵宾室	展览、休息	贵宾室
新闻发布、媒体区	学生活动中心、舞蹈室	出租用房
兴奋剂检查	接待和医疗	体育部办公
安保区	接待、会议	出租用房
竞赛办公室	后勤、设备、办公	体育馆运营中心办公
奥运其他功能用房	后勤、设备、办公	预留功能用房
二层永久坐席	永久坐席	永久坐席（学校活动时使用）
二层南北入口大厅	未安排功能	跆拳道、柔道训练场地（临时）
三层北侧临时坐席	一个篮球场	一个网球场、一个羽毛球场和两个乒乓球场
三层南侧临时坐席	一个篮球场	两个标准篮球场

　　在上述空间里，羽毛球场、乒乓球场、柔道及跆拳道场地的所有设施都是可移动的，特殊情况下可以迅速转换，保证了空间的灵活性。目前，馆内各空间使用情况良好，能够满足校方的各项要求，学生及其他使用者的反映普遍良好（图 5-3~ 图 5-6）。

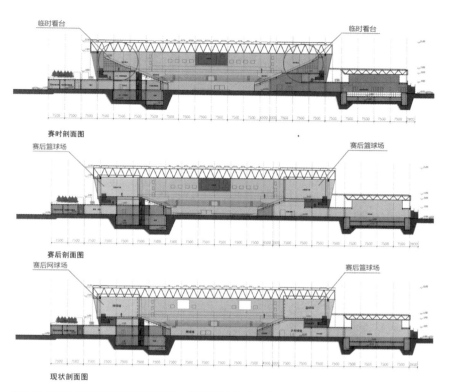

临时看台　　临时看台

赛时剖面图

赛后篮球场　　赛后篮球场

赛后剖面图

赛后网球场　　赛后篮球场

现状剖面图

图 5-3 北科大体育馆奥运会赛时剖面、赛后设计剖面和现状剖面比较

　　北科大体育馆赛后改造工程启动以后，校方便开始着手组建管理运营体育馆的团队。2009 年 5 月正式组建了"北京科技大学体育馆运营管理中心"，中心下属 4 个部门，主要负责场馆的日常管理、维护、安全保障以及对外项目合作等工作。管理中心成立以来，一直致力于探索高校场馆"公益性与经济性兼顾"的运营模式。目前，运营方根据体育馆和学校的实际情况，制订了一套完整的场馆使用时间安排：工作日上午 8 点至下午 2 点 30 分，主要场馆供学生上体育课使用；下午 3 点至 5 点 40 分，体育馆对外开放，主要接待教工及家属；下午 6 点至晚 10 点及周末和法定假日全天，体育馆对社会开放，供社会人士进行体育锻炼。每年寒暑假，北科大体育馆都会承担若

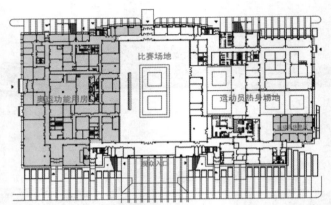

图 5-4 北科大体育馆奥运会赛时首层平面

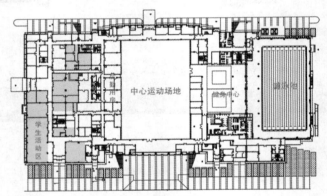

图 5-5 北科大体育馆奥运赛后设计首层平面

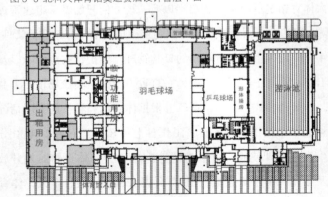

图 5-6 北科大体育馆现状首层平面比较

干公司和社会团体的大型活动，包括 2010 年北京武搏会和公司年会等等。而体育馆内的预留功能用房则可以作为大型活动的功能用房使用。目前各项活动开展良好，特别是对外开放的时间段，场馆使用率很高，其中羽毛球场的使用率高达 90%，篮球场和网球场也几乎是天天有人使用。

由于北科大体育馆的空间布置紧凑合理，运营计划详尽周全，因此在其对外开放的第一年就实现了盈利。2012 年体育馆毛收入超过 750 万元，收益率超过 30%。2013 年体育馆毛收入超过 800 万元，收益率还会进一步提升。目前，北科大体育馆已经成为了高校体育馆中"经济与公益"结合的典范。

4. 基于赛后利用的体育场馆策划要点

体育场馆是城市公共空间的重要组成。近年来，为了提升城市活力和形象，许多城市都在大量兴建体育场馆群。其立项的目标是为了举办省、市运动会，乃至全运会和国际单项赛事，但事实上很多场馆成为了城市当权者的政绩体现，在举办完一场赛事后就闲置在那里，维护运营花费了巨大的人力、物力和财力。这种现象已经成为我国城市建设的一种通病。有些体育场馆在建成还不到 30 年的时间就被拆除，这种非质量问题而提前报废的建筑给我国带来了巨大的经济损失。

体育场馆的使用通常可分为大型比赛时的比赛场馆功能和比赛后的公众使用功能。大型比赛功能对体育馆的容纳人数、空间布局等提出较高的要求，赛后公众使用功能则要求体育场馆具有公共性、开放性和多功能性。因此，合理平衡赛时和赛后的功能要求，解决赛时和赛后的空间使用问题是体育馆建筑策划的一项任务，也对合理使用空间、节约城市土地和资源具有很大的意义 [40]。

· 赛后功能转换与看台空间利用成为策划要点

大型体育建筑由于坐席数多，其下部空间所占面积也较大，赛后利用存在着多种可能性。针对我国体育建筑设计及其管理尚未完全一体化的现状，如何在建筑设计前期对赛后利用有科学的策划是体育建筑设计亟待解决的问题。坐席下空间不同的赛后利用方式会对看台下空间有不同的要求和限制，在保证赛时使用的前提下，给赛后提供更加灵活的空间分隔；并且随着需求的变化，对看台下空间作必要的改造，是当今体育场馆设计的关键。

可持续发展的体育建筑不仅包括体育场地本身的多功能化，同时也涵盖了可变坐席及其下部空间利用的多种可能性。就看台设计而言，尽可能地利用活动看台可以增加体育活动场地的可变性，而且也方便了固定看台下空间赛后的活用。

从建筑师的角度看，虽然坐席下空间的综合利用和临时看台的功能转换，需要各方面专业人士协作进行，但空间形态的设计和坐席转换的弹性设计却是建筑师力所能及的工作。当今的体育建筑设计仅注重比赛厅和体育工艺的研究显然是不全面的。占体育建筑面积 70% 的看台下空间的利用以及大量临时看台的功能转换的研究应当成为体育建筑设计中的一个必要环节，只有这样才能有效地提高体育建筑日常的使用效率，实现真正的可持续发展。

·国内外固定看台下空间的功能转换案例经验

看台倾斜而上，与各层楼板相交必然出现一些高度不符使用要求的三角形空间，其面积约占场馆总建筑面积的 5% ~ 10% 甚至更多，数量可观。坐席下空间的设计不仅要满足体育比赛时的各种辅助功能，同时为了减少赛后的空间浪费，可以考虑此部分空间的多种项目的经营。随着时代的发展，体育更多的与休闲、娱乐、旅游、饮食、健身等活动结合起来。大型体育建筑主空间的多功能设计不能满足场馆本身的收支平衡，需要辅助空间的多元组成实现多种经营，即'以副养主'的支持。国内从目前固定看台下空间综合利用已形成相对成熟的五大类型，即商业空间的转换、会展空间的转换、酒店空间的转换、休闲娱乐空间的转换及餐饮空间的转换。

国外体育场馆在这方面显得更加成熟。法兰西体育场内设置了 3 个餐厅，200 座的报告厅，2000 m² 的大宴会厅，8000m² 的展览、会议空间，2000 m² 的商业空间，2000 m² 的办公空间，另有 17 个商店，50 个酒吧和零售亭。横滨国际体育场的底层设置了体育医学中心，其中有健身房和 25m 游泳池，专家可根据每人情况提供健身菜单、饮食咨询等服务。

除了对看台下空间进行多种经营外，很多体育场馆设计还十分注意减少无谓空间的浪费。国外体育场设计，底层看台多有挑台，上面各层则设挑台或抬高做成楼座。体育馆设计则多数在底层设一定数量的活动看台，以避免无效的三角空间。此外，充分利用地形，采用下沉式布局并将休息厅集中在一两个层面，不仅能取得效率最高的中行式疏散，避免内外场人流交叉干扰，还可以显著减少辅助面积和节约能源。如慕尼黑 7.8 万人的体育场巧用地形将多达 60 排的东看台布置在山坡上；日本东京明治公园体育场和神户六甲山体育场，也根据地形将东看台大部分坐席放在坡地上。

·国内外临时看台的功能转换案例经验

满足奥运会或国际比赛的大型场馆，根据单项联合会或国际奥委会的要求，不同比赛的场地尺寸和坐席数是一定的，比如奥运会柔道跆拳道比赛，国际奥委会规定坐席数必须为 8000 座。由于 2008 年北京奥运会柔道跆拳道馆是建在北京科技大学校园内，而从我国大学校园体育馆建筑的规模标准来看，通常坐席数控制在 5000 座左右，以避免多余坐席的浪费而带来的运营费用的增加。因此该馆就面临赛后将 8000 座中的 3000 坐席进行空间功能转换的问题。此部分坐席空间功能转化得巧妙合理，则不仅可以减少赛后改造的费用，缩短改造周期，而且可以最大程度地补充赛后功能空间的不足。它自然也成为衡量建筑方案优劣的关键。

20世纪70年代美国对于棒球场地和橄榄球场地的互换做过研究，并形成了比较成熟的做法。法兰西体育场的做法则是田径比赛时把下层25000座后部的5000座下沉到地坑后，剩下的看台向后移15m，把田径跑道让出来。据介绍，坐席移动一次需要84小时，并且原拟使用的气垫技术也没有采用。在2008年北京奥运会主场的设计中，建筑师也是将中部的临时看台在赛后转换为餐厅包厢。

5. 基于"前策划，后评估"的整体设计观

我国以往的大型体育建筑均由国家为举办大型体育赛事出资兴建，大赛之后则由地方接手管理，在赛后的最初几年里，由国家负责提供体育场馆的运营和维护费用，而后体育建筑将完全面向市场，实行体育场馆独立经营，自负盈亏。前后两个环节联系少，当地政府在体育场馆建设时期对赛后利用没有统一完整的策划，造成设计阶段不是忽略了赛后的利用，就是对赛后利用的考虑不能全面。为了保证体育建筑能够"以场养场"，经营者不得不花巨额资金对体育场馆进行改造，而这种二次改造很难取得理想的效果。

解决上述问题的关键是需要建筑师树立整体设计的观念，将体育建筑的设计建造和赛后利用结合起来考虑，在对城市片区定位规划进行判识、对现有城市需求进行充分调查研究的基础上，从看台的设计到看台下空间功能模式选择各个方面，都为赛后综合利用提供更多的可能性和更方便的使用空间。

随着我国体育事业的市场化的进一步发展，体育建筑管理与建设已经出现了一体化的趋势。2008年奥运会主要场馆设施就采取了法人团投标的方式，投资、经营、设计、运营多方组成联合体对项目进行全面的操作。经营者和投资方可参与到体育建筑设计的全过程，经营者对临时坐席赛后功能转换和看台下空间的综合利用作细致的市场调查、分析并进一步完成赛后利用的策

划研究，给设计方提供一个较全面的设计指导。事实上，这种结合后评估调查的方式将经营策划和建筑策划设计相结合，有效填补了体育建筑设计和经营之间的空白。避免建筑师的盲目性，为体育建筑赛后的顺利运作建立了坚实的基础。

（项目设计团队：庄惟敏、栗铁、任晓东、梁增贤、董根泉等）

二、嘉兴科技城空间策划与城市设计

在我国城市新区和开发区建设突飞猛进的浪潮下，项目规划和审批进程被大大压缩，地方政府和主管部门往往在数月内推动完成控制性详细规划。但由于前期研究不充分，项目规划落地难成为普遍现象。此外，一些重点为空间三维整合和城市美化而编制的城市设计往往偏向于注重技术理性和空间美观，和各建设主体单位沟通少，对各种需求和利益缺乏系统的整理，使得城市设计成果容易忽略与控制性详细规划修编的联动，忽视各方利益协调，进而流于形式。在这样的背景下，基于使用后评估的空间策划与城市设计联动的研究，为城市新区开发建设提供了一条新的思路[41]（图 5-7）。

嘉兴市位于浙江省东北部，与上海、杭州、苏州等城市相距均不到一百

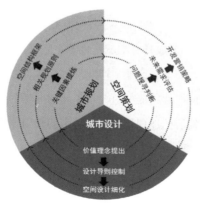

图 5-7 规划－策划－设计联动机制

公里。2003 年底嘉兴市全面贯彻实施浙江省"引进大院名校，共建创新载体"战略，以引进浙江清华长三角研究院为契机建设嘉兴科技城，随后引入中科院嘉兴应用技术研究与转换中心、乌克兰国家科学院国际技术转移中心、中国民航信息集团嘉兴灾备（数据）中心等。嘉兴科技城位于嘉兴市南湖区东部，西临嘉兴主城区和南湖新区，东接嘉兴工业园区，南临沪杭高铁的嘉兴南站，占地 744.27hm^2，用地内地势平坦，河流纵横。从 2006 年开始，研究团队受邀进行嘉兴科技城空间策划和城市设计。该项目一期成果于 2006 年通过评审，二期成果于 2010 年通过评审，并获得 2011 年度教育部优秀规划设计一等奖。

1. 基于发展趋势和本地特征的规划定位反思

研究团队首先从国际城市发展趋势和嘉兴本地特色两个角度探索嘉兴城市新区的特色与潜在需求，探索嘉兴科技城的发展定位。国际经验研究发现，从"园"到"城"的发展趋势已经被证实为是各国城市科技区域发展的典型特征 [42、43]。从美国加州硅谷、日本筑波科技城，到北京的中关村，城市与科技园区的边界逐渐模糊。科技园区的核心功能科研创新孵化与产业部分镶嵌在不断发展的城市区域中，交互融合。因此，在城市空间发展与科技创新的双向驱动力作用下，科技新区的规划需要注重以下四个关键因素：1）城市空间不断裂变生长，需要动态和全面对待；2）新区需要有交通为先导的规划结构；3）结合地理优势形成具有地域特色的空间规划；4）创造复合功能的土地利用，满足居住、商贸、商业、产业发展等综合需求。嘉兴科技城位于城市中心功能生活区向产业功能的过渡带上，向北辐射生态休闲区，向南连接客运枢纽，是新城发展的地理核心。区域上的辐射作用奠定了其以交通结构和复合土地利用为先导的定位和规划结构。

因此，团队转变原来几乎纯教育、纯产业园区的定位，提出"三位一体"的定位以实现"从园到城"的演变。"三位"指的是科技城的三种功能：在科技园所具有的研发功能和产业功能基础上，扩充园区功能，使其兼具城市功能。城市功能的引入是形成城市的基本条件，而其与研发功能和产业功能的融合关系则是嘉兴科技城的突出特色（图5-8）。随后展开的空间策划和城市设计即以此为基础定位展开进一步的后评估研究。

2. 基于后评估的策划研究

图5-8 研发功能、产业功能、城市功能三位一体的功能定位

空间策划主要研究以空间导则为核心的集束，通过数据和调研科学论证科技城的定位、规模，制定科技城设计依据，利用其所处的社会环境及相关因素的逻辑分析，合理制定设计内容，对建设进行引导和对设计内容予以评价（图 5-9）。

在项目策划之初，项目组便对长三角地区的 16 个科技园区展开系统的使用后评估，同时对嘉兴科技城已建成并投入使用的建筑进行性能和运行情况调查。后评估的内容主要集中在空间承载、功能配置、交通组织、运营管理、建筑节能等多个方面。本项目中使用了问题搜寻法来进行分析，利用棕色幕板在横向方向列出目标、事实、理念、需要和问题，在纵向列出功能、形式、经济、时间等要素，系统地分析问题并提出解决问题的思路，进而为下一步设计提供科学而逻辑的指引。在和多方团队多次讨论的基础上，联合团队共同提出了两百多个与嘉兴科技城规划和发展相关的问题，随后又按照紧急、不紧急，重要、不重要的方式，列出近二十条最为紧急和重要的问题。再重点围绕这些问题进行研究，以研究为先导进行规划设计。在研究这些问题的基础上，策划团队归纳出立足于提升城市品位、突出城市特色、完善城市功能、推进低碳城市建设的规划设计总体理念，也正是这些理念指导了整体园区的规划结构和功能定位。

策划团队和嘉兴科技城管委会一起与入驻单位和潜在客户做了多轮沟通，深入了解客户需求，并对未来需求做预评估。一方面是针对社会和市场需求，对园区用地功能混合展开分析，设置招商引资的门槛标准；再针对拟引进项目，逐步评估地块的规划调整需求、城市设计整合需求、资源共用措施、平台设置需求、费用分担方式、各利益主体的责任分工等等；另一方面项目对工程建设项目的任务书进行评估，在"筑巢引凤"的同时提升建设质量和高效配置资源。有些介入较深的还会对工程设计方案进行预使用后评价，对方案进行验证（图 5-10）。

图 5-9 空间策划调查的各个团队

此外，团队注重在后评估和策划过程中的专家咨询与公众参与。从 2006 年年初，策划团队就引入包括经济学、社会学、人文学科、房地产开发、建设项目管理在内的跨学科专家团队和投资方、未来的使用方、运营方、公众代表和政府相关部门组成开放式会议进行讨论，共同参与提出策略应对发展中的复杂问题。在 2009 年启动二期研究后，团队又陆续引入其他的跨学科专家和各部门、企业代表进行沟通。在一些必要的环节，也引入公众参与到策划中来。

3. 空间策划和城市设计的原则与策略

· 规划理念和目标

首先，在城市生活层面，空间策划依据嘉兴市的整体发展需求提出一系列设计原则：主张建设多元化的交通体系，提倡多功能和不同收入阶层的混合，强调公共空间和设施的作用与可达性；鼓励充分发挥土地利用价值，反

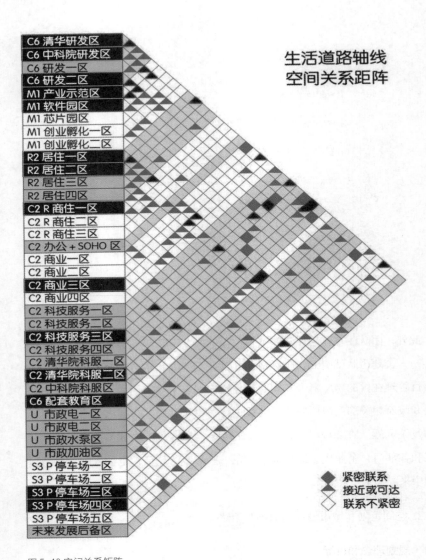

生活道路轴线
空间关系距阵

C6 清华研发区
C6 中科院研发区
C6 研发一区
C6 研发二区
M1 产业示范区
M1 软件园区
M1 芯片园区
M1 创业孵化一区
M1 创业孵化二区
R2 居住一区
R2 居住二区
R2 居住三区
R2 居住四区
C2 R 商住一区
C2 R 商住二区
C2 R 商住三区
C2 办公 + SOHO 区
C2 商业一区
C2 商业二区
C2 商业三区
C2 商业四区
C2 科技服务一区
C2 科技服务二区
C2 科技服务三区
C2 科技服务四区
C2 清华院科服一区
C2 清华院科服二区
C2 中科院科服区
C6 配套教育区
U 市政电一区
U 市政电二区
U 市政水泵区
U 市政加油区
S3 P 停车场一区
S3 P 停车场二区
S3 P 停车场三区
S3 P 停车场四区
S3 P 停车场五区
未来发展后备区

◆ 紧密联系
◣ 接近或可达
◇ 联系不紧密

图 5-10 空间关系矩阵

对无序蔓延，提倡中高密度营建；要求建筑尊重地域、历史、气候等条件，结合整体风貌要求和自然景观进行设计等。

· **规划结构调整**

根据上述规划原则和定位，嘉兴科技城在空间结构上首先以连接一期和二期的两条轴线为骨架，串接起科研和社区功能，同时将生态景观作为功能组团分界线。同时，设置新区边界开口，引入东南部的城市湿地景观，利用其现有水系形成东湖，围绕东湖打造湿地公园，并将东侧湿地景观与西侧城市绿地相联通，嵌入城市多功能服务性设施。最终，科技城形成"一心、五轴、一廊、一带"的空间结构。"一心"代表科技岛和休闲岛构成的新区中心；"五轴"代表亚太路科研轴、亚欧路社区轴、由拳路一期主轴、规划道路二期主轴和三环东路商业轴；"一廊"代表科技城东南部的湿地公园向西延伸形成的绿色廊道；"一带"代表南北向贯穿科技城的绿色景观带（图5-11）。

· **城市设计特色**

城市设计和空间策划内容相对接，在以下几个方面做出特色：

首先，城市设计提出应对气候变化的四条导向性目标：1）提高城市密度避免区域的无序扩张；2）采用清洁能源；3）采用高效能的建筑；4）采用可持续的交通方式，再结合目标针对具体地块提出导则。作为目标的应对，在科技城内有针对性地提高城市密度，教育、科研办公区以高层和超高层为主，住宅区以高层为主，同时提升路网密度。提倡采用清洁能源，鼓励各种节能措施和低碳策略。提出建设绿色建筑的指标体系，同时在科技城内部设置自行车道和慢行系统，完善公共交通跟高铁的换乘，鼓励绿色出行。

其次，重视地域特色挖掘。挖掘水乡特色，将原有断头水系进行整合，保持湿地的自然状态。打通城市绿带，架空城市快速通道，将湿地公园景观

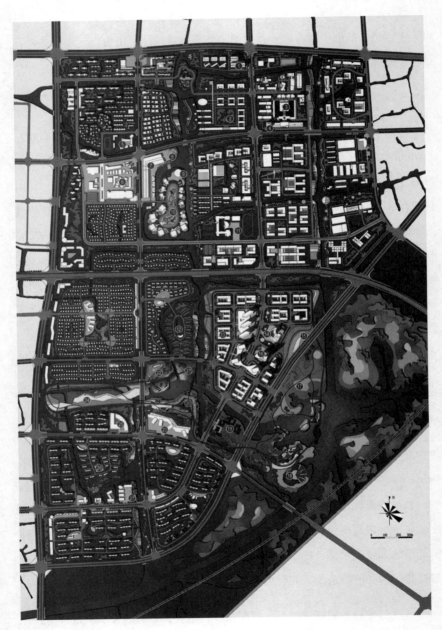

图 5-11 嘉兴科技城总平面图

引入城市。通过水系景观和绿篱整合形成隔离，避免各大机构划墙而治的格局。强化越韵吴风，水都绿城的城市风貌。

再次，在景观设计层面提出"一湖双岛、四水连廊"的空间意象。根据嘉兴市的整体发展，主张建设多元化的交通体系，提倡多功能和不同收入阶层的混合，强调公共空间和设施的作用与可达性。鼓励充分发挥土地利用价值，反对无序蔓延，提倡中高密度营建。要求建筑尊重地域、历史、气候等条件，结合整体风貌和自然景观进行设计。

最后，强调以人为本，重视对使用者的研究，引入慢行系统将主要节点和街区串联起来，形成一小时乐活圈。在具体的街区层面，土地功能混合利用形成活力单元，考虑多种人群的生活特点及夜间活动需求，重视园区内的无障碍设计。

·城市设计导则

城市设计进一步通过设计导则，对相应的地块提出具体要求。针对不同的街区、节点、轴线、界面、地标、天际线及色彩控制等进行分析，在系统分析基础之上进而制定规范标准和导则，关注城市街角空间，关注不同特色的建筑场所设计。考虑引入大型活动管理与策划，保证公共空间活力。重视塑造人行友好的街区，为人性化尺度的边界、建筑材料和质感、中央绿化公园、步行带空间、方向标识、小品和公共环境等提出要求。同时结合当地气候利用街道空间打造绿色环境，包括行道树提供荫凉、部分垂直绿化以及植物景观充当软性围墙等。通过和规划编制机构的反复沟通，城市设计的一些思路和设计导则又反馈给规划修编。目前嘉兴科技城已引进建设了浙江清华长三角研究院等高水平创新平台，催生发展了通信电子、物联网等一批战略性新兴产业，显著推动了区域创新资源集聚和经济转型升级。

4. 小结

在城市规划的指导下，将空间策划与城市设计进行联动操作的总体城市设计在国际上已有相对成熟的实践框架。早在美国 20 世纪 60 年代的校园规划中，CRS 为杜克大学做校园的总体策划和设计研究获得好评，随后，斯坦福大学医院和罗尤拉法学院策划和设计的成功，让更多的机构受到鼓励进而采用这样一种基于科学理性、便于动态控制、易于协调多方利益的模式进行总体设计。在 20 世纪 70 年代，融合空间策划的城市设计不仅在特定建筑群方面取得新的进展，还在旧城复兴、机场区域更新、市政设施布局等更为广泛的区域得到应用。随着规划、咨询和设计业务的国际化，总体城市设计的联动框架在亚欧许多国家的城市新兴区域规划建设中也得到广泛应用。

在我国城市功能新区的建设中，用地规划、空间策划、城市设计三者联动的模式能够充分适应新区开发的操作程序与特性。新区层面的用地规划能够结合城市总体规划的目标和愿景，对新区做出符合城市总体发展趋势的定位；空间策划为城市新区、开发区相关建设管委会分析招商投资定位，梳理建设发展思路，获取各方参与主体意见提供决策依据；城市设计为政府规划主管部门提供城市三维空间形态管理和审批控制的依据。这种联动的模式能够为城市功能新区建设决策提供科学而逻辑的依据，有效保障规划的落地和建设的品质。

通过对国际趋势和本地发展的比较分析，以及对同类园区以及现有建设项目的使用后评估，空间策划能够从纷繁的现象提出有价值的问题，进而吸引专家和公众通过开放式的会议讨论解决问题的思路、办法和措施。在此基础上，城市设计为政府规划主管部门提供城市三维空间形态管理和审批控制的依据，空间策划和城市设计成果又反过来给控制性详细规划修编和规划落地提供了支持，基于使用后评估的"策划 – 设计"联动的模式，为我国城市设计动态过程控制做出了有益尝试。

（设计团队：庄惟敏、张维、张红、高珊、梁思思、章宇贲、杨楠、王威）

三、基于空间环境和空间行为的后评估研究——以特定人群为例

我国基于空间环境和空间行为的使用后评估研究已较为深入和全面。徐磊青教授研究团队对城市公共空间展开系统分析，研究包括但不限于尺度、空间品质、认知、满意度、行为等方面的定性及定量评测方法。吴硕贤院士、朱小雷教授及其团队从类型学视角出发，探讨建成环境的主观评价方法，并在城市社区、公共建筑、各类功能性建筑进行检验。本书作者及其团队，侧重从"前策划、后评估"的视角对城市建成环境展开分析评价，注重评估结果对建筑策划的反馈及应用。

1. 研究背景与问题设定

本节撷取使用后评估中的一个侧面，以城中村的低收入打工者这一特定群体的空间行为评估为切入点，展开对城中村居住环境的使用后评估。研究内容及结论来自于清华大学建筑学院研究生必修课程《环境行为学》（学生张聪琦，董伯许，指导教师：庄惟敏）的系列结课论文。

随着快速城市化进程，前身为村落的城中村出现在鳞次栉比的摩天楼与车水马龙的高架路所形成的夹缝之中，成为了城市低收入阶层的聚居之地。由于城中村改造涉及地方财政、开发商、村民三方激烈的利益博弈，所以各大城市与城中村相关的改造政策与方法虽然层出不穷，但是真正奏效的却屈指可数。在各种与城中村相关的调查研究中，对聚居于村中的低收入阶层的关注是重要的组成部分。这些低收入者大多是从外地涌入城市的务工人员，他们很大一部分从事着各种又脏又累但是回报甚少的行业，是城市建设快速

发展的重要力量，却并未享有与本地市民同样的公共服务设施和教育医疗保障等待遇。近年来，许多社会学者开始呼吁，城中村的改造不应该只停留在市容市貌和规划设计的层面，而是更加关注低收入农民工的生存问题。也有越来越多的相关专家和从业人员开始对城中村低收入居民这一群体的行为模式和生活方式进行深入调查和研究。

作为居住环境，城中村代表着大量外来低收入人群聚居于农民自建宅基地，个人空间极度压缩的居住情境。其内部社区杂乱无章又充满了活力，为研究低收入人群聚居现象、行为与居住环境关系、大都市人际关系与居住心理都提供了丰富素材。本次对城中村居住环境的使用后评估集中在两个问题：1）在个人私人空间被极度压缩的条件下，居住者的相应的行为与心理特点，研究空间影响人的行为与人的行为重塑空间的机制；2）城中村居民对居住社区及空间环境的认知，及其行为模式与建成环境之间的互动关系。

2. 低收入人群聚居环境满意度

低收入人群的高密度集合居住模式极度压缩个人领域，生活的公共性被迫提高。这种模式本身可能带来积极的后果，也可能带来消极的后果。在居住的极限状况下，哪些因素的改善可以有效地提升居住的满意程度，对于公共租赁住房等有强烈的借鉴意义。

在观察中发现，某村有两个外观几乎一样的楼房（A 座和 B 座）紧邻，A 座建造于 2008 年，平均房租为 120 元 / m² · 月；B 座建造于 2000 年，平均房租为 100 元 / m² · 月。但 A 座居民普遍认为其居住条件"各方面都挺好的""打算长期居住"；B 座居民则表示"素质非常差""唯一满意是房租低，其他都不满意"。A 座公共空间（如盥洗池、厨房）的使用率高于 B 座。A 座居民的居住周期平均值高于 B 座。

为此，笔者提出假设，可能导致人们满意度与行为不同的因素有：a. 个人空间的质量、面积、私密性、设施完善程度、功能完整性；b.公共空间的质量、结构、领域感、清洁、管理程度；c.邻里关系，其他使用者的行为。研究思路是：系统地研究两栋建筑的差异，在此基础上系统地研究居住者满意度与行为的真实差别与原因所在，最后对环境影响行为的机制作出结论。

研究围绕"居住环境"和"居住行为"展开。"居住环境"包括个人微观环境和建筑中观环境。每一部分环境的分析由两方面组成：固定特征因素和半固定特征因素——固定特征因素是建筑结构、空间布局、建筑界面、房间大小等长时间不会变化的因素；半固定特征因素包括家具、陈设、盆植、卫生状况等能够相对迅速而容易发生改变的因素。这部分的研究是对建筑可见的要素进行客观描述、比较与分析，既不考虑居住者的主观评价及其相应应对行为，也不混杂研究者的评断。"居住行为"分为认知行为（经验行为）和外显行为两部分。这一部分通过问卷和访谈的范式获得。认知行为包括空间整体认知和满意度、外显行为包括邻里交往和公共空间使用。

研究得出，决定使用者行为和满意度的因素按重要性可排序如下：公共设施使用便利度；整体感觉，更多由非固定的环境特征传达；管理者；个体需求。此外，在低收入者集合住宅的设计中，考虑公共设施的人均占有率、缩短使用流线将有效提升设施使用率；通过营造建筑内环境的整体感觉，如改善色彩可有效引导使用者行为；明确的管理制度和管理机构非常关键。

3. 低收入人群城市环境行为与认知地图

研究将所选城中村案例现有的居住建筑分为外围建筑、单层院落、多层住宅三类。其中外围建筑的主要功能是商业用途，多用于饭店门脸、零售杂货等，很大一部分延续着传统的前店后宅或者下店上宅模式，同时有一部分外围建筑的二三层作为一层饭店的员工宿舍使用。在这里居住的主要人群是饭店服务员、个体店主等。单层院落为 20 世纪 50、60 年代遗留下来的老旧平房，设施简陋，条件不佳，但是租金较为便宜，因此居住着诸如流动摊贩、零工、散工等无固定收入的低收入人群。多层住宅是保福寺村居住人口构成最为复杂的一部分，建筑为房主私搭的违章建筑，大部分是居民自己租住，有一小部分是周边单位集体租赁作为职工宿舍，还有一些则是保安保姆以公司或者几人合伙的方式租赁作为食堂使用。主要居住的是周边工作的保安、附近科技园区的服务人员、周边求学的学生及白领等。调研工作将分别对这三类建筑中的居住人群做抽样调查研究，力求结果严谨有效。

研究对前期初步调研所收集到的资料进行了梳理，绘制出了调查基地周

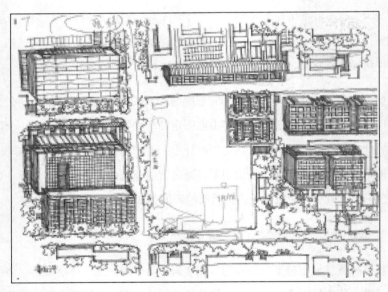

图 5-12 受访者认知地图绘制示例

边的认知地图，方便引导接受调研的居住人员理解基地周边的建筑环境，同时把中间基地所在的地方空出，以便他们绘制自己的认知地图（图 5-21）。9 位受访者分别用语言描绘了日常行程，并根据提供的手绘地图，表示出自己熟悉和常去的公共场所和服务设施。

研究发现，城中村内外不仅在建筑质量、环境空间品质上存在巨大差异，人群的行为地图也因城中村的存在而不同。只有本村的居民才会穿过光鲜亮丽的"糖衣层"进入到村子内部，这有很大一部分原因是城中村在外围一圈建筑上留着的入口太过阴暗逼仄，给人一种非常消极的心理感受。因此即使是原本要穿越村子到对面去的人，也倾向于选择从村子外部绕行过去，宁愿多走一些路也不愿意与城中村内部发生太多关系。

通过对调研结果的研究可以发现，城中村内部的居民在村中的活动种类非常少，行为模式相当单一，只有基本的日常生活行为（上厕所、购买日常用品、吃饭三种）。但是，在观察中，笔者发现了很多空间的"隐性功能"在居民的无意识中一一展现。例如，在村南边有一个公共的锻炼场地，上面有为数不多的几个体育器材，这块场地是在 2008 年迎接奥运提倡全民健身的时候所建。但是从认知地图结果来看，真正来这块场地上使用器材锻炼身体的人并不多。然而，村中及周边居民会在工作闲暇之时或者晴好的午后来到这块场地，三三两两地坐在体育器材上（或者自己从家里搬凳子出来）拉家常。这似乎就是这块锻炼场地的"隐性功能"，它已经从一块体育设施场所变成了一个居民自发形成的社交场所。每当夜幕降临的时候，周边的小饭店就会把桌子排挡支出来，有秩序地摆放在这块场地之上，辛劳了一天的保福寺村居民以及周边的低收入人群都会聚集在这里，一边吃饭一边聊天，进行信息互动和交流。场地在不同的时段演绎着不同的场景，存在着场所的多义性。白天其自身就是居民的社交广场，而到了晚上，又通过提供空间，显现出了用餐这一日常行为的"隐性功能"——促成人与人之间的交流互动。

4. 小结

上述两个研究案例均针对城中村的低收入人群及其环境行为，但从不同的侧重点和研究方法，展示了使用后评估可以应用的不同层面。针对居民的满意度调查，以及与实际空间勘测的比较，可以进行居民需求的进一步验证，为后续空间改良提供有效建议；针对居民行为和认知的调查，可以从居民心理和行为层面了解环境对于使用者的影响，进而在进行空间策划和设计时更加有的放矢地进行恰当的引导。

第六章
新技术手段与社会要求下的演进

一、多源数据环境下的空间环境使用后评估

传统的调查研究方法主要有文献调查法、实地调研法、资料调研法、问卷调研法等，这些方法在后评估的研究中对于研究使用者的行为模式都发挥了非常重要的作用。其优势在于调查人员能够直观地掌握第一手的资料和信息，但同时也存在一定的局限性，如样本采集耗费工时过长、调研环节监控难、调研信息结果难以二次验证等。

当前城市发展已进入了信息和新技术革命时代。从信息论的观点来看，信息性是客观世界的物质属性、能量属性之外的第三种属性，它是物质的普遍属性。任何物质都载有信息并发出信息。广义信息是指物质世界的普遍的相互作用。我们把与人有关的相互作用亦称作信息，其中又分自然信息与文化信息两种，前者指人与外界（包括他人）直接的相互作用；后者则指人们利用语言、文字、符码、图像等对前者的变换。鉴于信息论的普遍存在，控制论的创始人、美国的数学家维纳（Wiener）称信息是"人类社会的粘合剂"。信息的流程实际就是认识、思维、观念的流程，既由人对外部信息地感觉到知觉的理解，而又选择利用信息的全过程。如果说建筑策划是对建筑相关的信息进行收集、处理、认知与利用的过程，而信息是指世界中事物的特性、状态、变化规律与相互关系，那么数据则是指可被计算机识别或者运算的信息。多源数据平台将为建筑设计和建筑策划过程中对空间及其他相关信息的认知、关联及规律发掘提供重要的手段。

大数据的四大特征可以用 4V——Volume 大量性、Velocity 快速、Variety 多样性和 Value 价值来表示[44]。表 6-1 对比了在这四个方面传统的数据和大

数据的差别。大数据技术的战略意义并不是掌握庞大的数据信息本身，而是在于对这些含有意义的数据进行专业化处理，通过数据的加工处理发现数据的意义，实现数据的应用。

传统数据与大数据差异比较[45]   表 6-1

	传统数据	大数据
数据体量 Volume	GB,TB 量级	TB,PB 以上
速度 Velocity	数据量相对稳定，增长不快	持续，实时产生数据，增长量高
多样性 Variety	结构化数据为主，数据源不多	结构化、非结构化、音频视频、多维多元数据
价值 Value	统计价值，报表的形成	数据挖掘、分析预测、决策

　　传统的数据分析建立在目标和结果的假定之上，对所选样本和获得的数据要进行预处理，通过少量有代表性的数据以证实目标，这就导致了样本可能偏颇性强，一些重要信息和发现可能被遗漏。大数据则通过接收混杂性数据避免了原始分类错误带来的影响，不需要在数据收集之前将分析建立在预先设定的少量假设的基础上，而是通过大量数据本身得出结果。比如，"'百度迁徙'利用大数据技术，对其拥有的 LBS（基于地理位置的服务）大数据进行计算分析，并采用创新的可视化呈现方式，在业界首次实现了全程、动态、即时、直观地展现中国春节前后人口大迁徙的轨迹与特征。"（百度迁徙介绍）此外，越来越多的企业开始通过各方面的数据采集获取、组合人的全面数据，形成用户画像，其中包含用户的姓名、年龄、爱好、职业、兴趣等等，并以此大数据作为企业决策的基础。

　　基于多源数据平台的大数据收集在使用后评估领域对于信息的获取与处理、环境和建筑问题的搜寻发现、问题相关性的研究以及预测都具有重大的应用价值。由于大数据是对总体数据进行全样本分析，相比于传统使用后评估问卷法的随机样本，大数据能够获得更加完整全面的数据（例如特定使用人群的特征、需求和使用规律），通过增加数据量从而提高了分析的准确性，能够发现抽样分析无法实现的更加客观的关联发现，帮助建筑师更准确地了解和把握空间与建筑和环境的演变机制，提高设计的价值和效率。

下面通过两个研究案例，分析如何使用计算机语言对多源数据进行语义学的统计分析，并借助开源网站以及热力图等数据可视化途径，分析使用者的空间认知及行为。

1. 基于 R 语言的空间使用者视角分析：以两个 SOHO 空间为例

北京望京 SOHO 与银河 SOHO 作为城市非线性超尺度综合体的代表，常被给予两种极端的评论：或是对其大气磅礴的曲线形态的赞美，或是对其为城市肌理、天际线带来了破坏的质疑与责难；少有研究涉猎其普通使用者的行为特征。本研究以"游荡者"为载体，从"平民化"角度出发，探究这两个巨型综合体的室外空间与普通使用者行为的交互关系，发掘其"平民化"温情，以重新思考此类非线性超尺度城市综合体创造的城市公共空间 [46]。

以"游荡者"为载体进行建成环境研究的基本步骤包括主观性"游荡"、客观性"观察"及整合评价三部分。主观性"游荡"通过平民化的视角，结合意识经验，以人体的尺度在建成环境中行走；足够的自由被给予游荡者，其通过照片、草图、文字等描述建成环境给其的感受，之后结合统计学等方法将其转译为空间评价与需求。客观性"观察"则以抽离情感的方式进行记录与分析，此时"游荡者"既是观察者也是被观察者，来自数学、物理、心理、社会等多学科方法在这里将被应用。整合评价则强调现象学和实证主义方法论的结合。

使用者行为的数据化特征表现在两个方面：一是统计层面上对于清晰结果性数据的关注，大数据时代为"游荡者"实证的发展提供了重要机遇，通过软件获取与处理大数据再结合统计学的方法为建立清晰的模型提供了可能，并以此评估、研究甚至预测建成环境。二则表现在对行为与过程关联性的强调，即量子物理学的部分特征；如，"游荡者"以"游荡"行为探索建成空间的空间顺序与时间顺序都可以变换，不同经历与感受的叠加会带来迥异的结果，这种独一无二的方法是其特性使然。

以"游荡者"为载体的建成环境研究方法展现出两个层面的特征：现象学与实证主义。在现象学层面，研究方法包括：静态观察法；影子式跟随法；照片记录法。在实证主义层面，则包括以下 3 种方法：

大数据搜集与处理。本文利用R进行数据搜集处理。R是一种计算机语言，也是用于数据分析和统计的软件环境[47]。此时，"游荡者"是空间的普通使用者，即被研究者。

基于 R 与深入访谈的语义学调查法。语义学调查法（Semantic Differential）即 C·E·奥斯古德（Osgood，C.E.etal.）在 1957 年提出的用"言语"为尺度进行心理实验的方法。传统 SD 确定评价尺度的方法主要基于对已有文献的总结，是自上而下的，缺乏对普通使用者的全局性关注；而大数据时代提供了研究大众舆论的自下而上的新方法：通过 R 获取大数据并进行语料库分析，以获得更具有普适性的评价词汇，社会学中的质性及现象学研究则作为结合判断的准则[48]。通过对望京SOHO与银河SOHO数据的词频分析、聚类分析、综合处理后可得其各自的 SD 调查表。

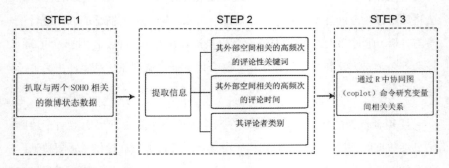

图 6-1 数据处理过程

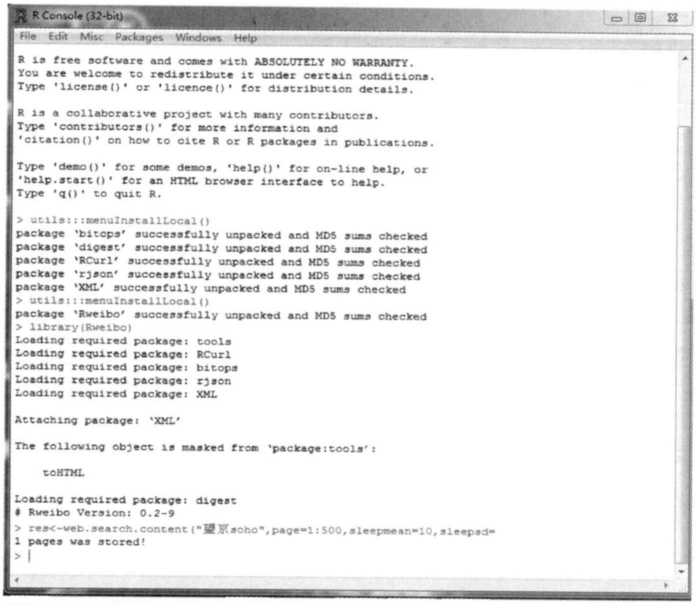

```
R Console (32-bit)
File  Edit  Misc  Packages  Windows  Help

R is free software and comes with ABSOLUTELY NO WARRANTY.
You are welcome to redistribute it under certain conditions.
Type 'license()' or 'licence()' for distribution details.

R is a collaborative project with many contributors.
Type 'contributors()' for more information and
'citation()' on how to cite R or R packages in publications.

Type 'demo()' for some demos, 'help()' for on-line help, or
'help.start()' for an HTML browser interface to help.
Type 'q()' to quit R.

> utils:::menuInstallLocal()
package 'bitops' successfully unpacked and MD5 sums checked
package 'digest' successfully unpacked and MD5 sums checked
package 'RCurl' successfully unpacked and MD5 sums checked
package 'rjson' successfully unpacked and MD5 sums checked
package 'XML' successfully unpacked and MD5 sums checked
> utils:::menuInstallLocal()
package 'Rweibo' successfully unpacked and MD5 sums checked
> library(Rweibo)
Loading required package: tools
Loading required package: RCurl
Loading required package: bitops
Loading required package: rjson
Loading required package: XML

Attaching package: 'XML'

The following object is masked from 'package:tools':

    toHTML

Loading required package: digest
# Rweibo Version: 0.2-9
> res<-web.search.content("望京soho",page=1:500,sleepmean=10,sleepsd=
1 pages was stored!
>
```

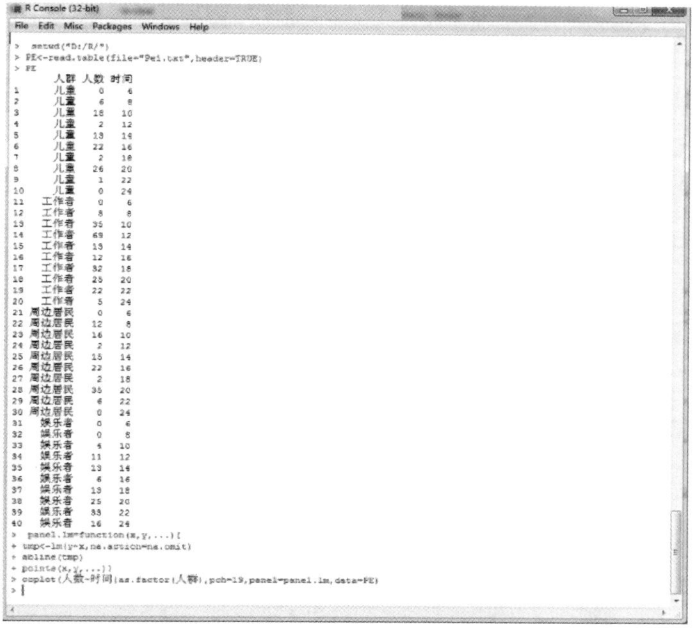

```
R Console (32-bit)
File  Edit  Misc  Packages  Windows  Help

> setwd("D:/R/")
> PE<-read.table(file="Pe1.txt",header=TRUE)
> PE
       人群  人数  时间
1      儿童     0     6
2      儿童     6     8
3      儿童    18    10
4      儿童     2    12
5      儿童    13    14
6      儿童    22    16
7      儿童     2    18
8      儿童    26    20
9      儿童     1    22
10     儿童     0    24
11    工作者     0     6
12    工作者     8     8
13    工作者    35    10
14    工作者    69    12
15    工作者    13    14
16    工作者    12    16
17    工作者    82    18
18    工作者    25    20
19    工作者    22    22
20    工作者     5    24
21   周边居民     0     6
22   周边居民    12     8
23   周边居民    16    10
24   周边居民     2    12
25   周边居民    13    14
26   周边居民    22    16
27   周边居民     2    18
28   周边居民    35    20
29   周边居民     6    22
30   周边居民     0    24
31    娱乐者     0     6
32    娱乐者     0     8
33    娱乐者     6    10
34    娱乐者    11    12
35    娱乐者    13    14
36    娱乐者     6    16
37    娱乐者    13    18
38    娱乐者    25    20
39    娱乐者    83    22
40    娱乐者    16    24
> panel.lm=function(x,y,...){
+ tmp<-lm(y~x,na.action=na.omit)
+ abline(tmp)
+ points(x,y,...)
+ }
> coplot(人数~时间|as.factor(人群),pch=19,panel=panel.lm,data=PE)
>
```

图 6-2　界面代码运行截图（上：相关程序包安装与数据读取；下：人群行为分析）

基于统计学方法构建使用者行为特征模型。通过网络平台大数据，基于统计学方法，可获得望京SOHO与银河SOHO外部空间主要行为类型；并可尝试建立相关行为的特征模型进一步研究（图6-1、6-2）。

研究结果分为宏观、中观、微观三个层面。宏观层面，由R处理得到对望京SOHO与银河SOHO外部空间描述的词云，并对相关词语进行聚类分析。总体而言，使用者对两个SOHO外部空间评价都呈较为积极的态度，SOHO在某种程度上已成为城市景观性存在。对于望京SOHO，室外空间中的"喷泉"元素被提及最多，而与喷泉相关的人群则以儿童、老人为主；对于银河SOHO，"座椅"则成为室外活动主要关注元素，但其相关人群则无显著特征。这时就有赖于接下来使用者在地研究的现象学补充；而以上数据则为使用行为现象学研究提供了参考。

利用上述数据与R，对不同人群使用外部空间方式进行分析（图6-3~图6-6）。结合现象学研究，可以获得SD的调查结果。使用者普遍倾向于在两座SOHO的外部空间休憩与活动。其中，老人与儿童倾向于具有自然元素的空间，如喷泉、绿植周边空间，而银河SOHO的非线性座椅则通过自然化的曲线为人提供了同化感。普通工作者则倾向于具有商业和体验业态的空间，为其商谈、休憩、聚会甚至是揽客提供了机遇。现象学的行为调研则补充了SOHO室外空间提供的另一种行为类别：老人晒太阳及打太极拳等运动（对老年人等部分微博活动频率低的人群，需补充在地的调研）。另外，中观的数据分析结合现象学研究还揭示了两个SOHO外部空间的一种特有活动方式：环绕行走与环绕慢跑。究其原因在于非线性的宽大空间为人带来了自然环境游憩的同化感。

通过大数据，可以获得词频最高的外部空间元素：银河SOHO的"座椅"与望京SOHO的"栏杆"；同时，与其关联性的描述词如"冷"、"少"、"阴"、"硬"等也部分揭示了这些微观元素不宜人之处。结合实地的"游荡"调研，银河SOHO中南边的座椅更受欢迎，原因在于阳光、开敞度与温和的风速；

望京 SOHO 中一层店铺的室外休闲空间设置某种程度上弥补了其缺乏座椅的缺憾，同时在午饭与晚饭时间，很多工作者倾向于倚靠中部栏杆进行聊天、晒太阳等活动。

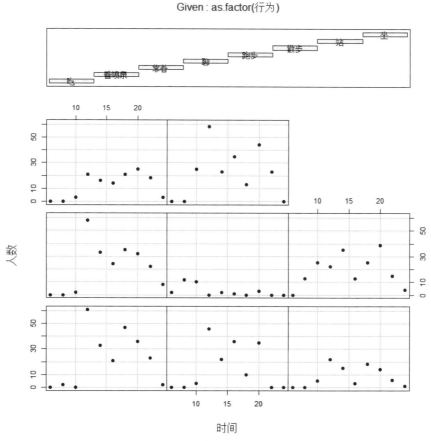

图 6-3 望京 SOHO 人群行为分析（不同时间不同行为人数分布）

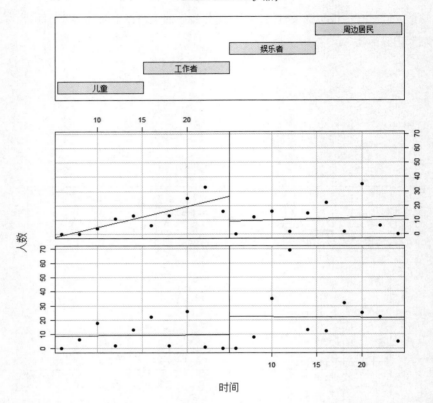

图 6-4 望京 SOHO 人群行为分析（不同时间不同类别人数分布）

　　通过实证主义和现象学层面的研究，银河 SOHO 与望京 SOHO 的外部空间为使用者（工作者及周边居民）提供了整体良好的公共活动空间，体现出大型综合体的平民化特性；其非线性设计、适宜的活动空间尺度、自然元素的引入等是其展现出温情的主要原因。而通过此调研可重新认识超尺度非线性综合体在城市空间中的价值。

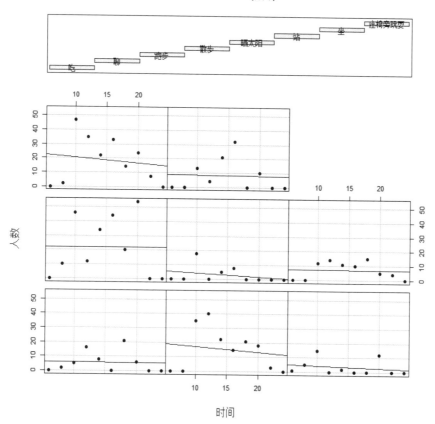

图 6-5 银河 SOHO 人群行为分析（不同时间不同行为人数分布）

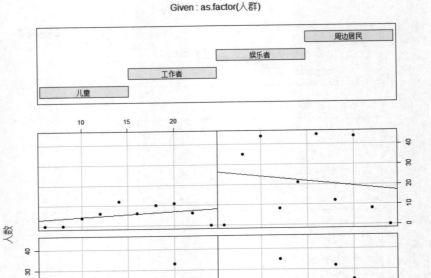

图 6-6 银河 SOHO 人群行为分析（不同时间不同类别人数分布）

　　综上，可以初步构建基于 R 语言的空间使用者视角下的建成环境研究流程。其追求平民化城市空间的目标体现了来自于"游荡者"的人本性关怀。运用这种方法，可以更清晰地了解普通民众对于建成环境的认知情况、使用方式以及空间需求，有助于挖掘出真正属于"此地"的"场所精神"，为人而设计；在建成环境的更新过程中，其帮助设计者重新认识平民化、人性化空间的特点与价值；大数据工具的介入又促进了实证主义层面方法的发展，扩展了其平民化特征，使其具有更强的普适性。

2. 基于多源数据的空间认知及行为验证

使用后评估的成果之一是对现有空间的测度和评价，然而，在信息收集和分析过程中，研究团队发现，使用者认知、个体的空间行为与群体的空间行为之间，往往并不一定完全契合。如果对建筑空间或城市建成环境的使用后评估仅仅依靠某一方面的调查数据，容易形成有失偏颇的结论。基于多源数据的信息获取，则可以有效进行规划意图与实际使用之间吻合度的印证。下文以清华大学校园的环境行为与空间认知为例，分析校园环境的设计结构与实际行为活动的吻合度 [49]。

· 校园空间结构及功能布局

首先，对校园空间展开尺度、功能、空间结构和场所特性分析（图 6-7）。其中，校园宏观空间尺度是指校园在水平面的平面尺寸，各向距离，面积，平面的几何形态关系等。校园的宏观空间尺度影响了校园内师生的活动范围，活动距离，活动方向，相应的认知范围和认知的强度，以及进一层的活动的便捷程度。功能分析在宏观尺度上可以分为经典景点区、教学区、学生生活区、体育区和教职工生活区，但作为历史悠久的综合性大学，并未有明确的功能分区边界。从空间结构上看，校园显示出一种典型的"生长感"，由校园最开始的西区向北区以及东区、东南区生长。

· 使用者认知地图及行为模式

校园的使用者包括学生、教师、退休教师及家属、其他服务人员以及来访参观人群等。不同的使用者人群对校园活动空间的认知各不相同，行为模式和路线也不同。考虑到学习教育是大学校园最重要的公共属性之一，调查以学生这一群体为抽样对象。调查方法包括行为地图和认知地图绘制、抽样个体全天 24 小时活动轨迹记录、问卷调查和访谈等。如图 6-8 所示，清华大学学生户外活动的活动路径多为"宿舍—教学楼—食堂"的往返路线，其余运动及休闲活动均沿该路线展开，并且较少发生自发性的游览行为。把所

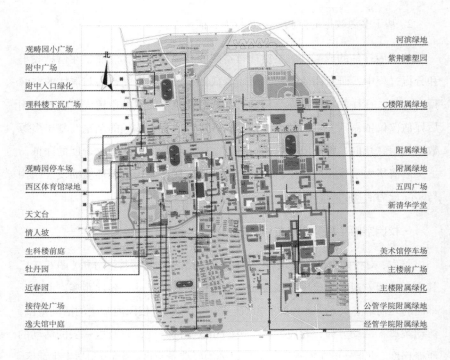

观畴园小广场
附中广场
附中入口绿化
理科楼下沉广场

观畴园停车场
西区体育馆绿地

天文台
情人坡
生科楼前庭
牡丹园
近春园
接待处广场
逸夫馆中庭

河滨绿地
紫荆雕塑园

C楼附属绿地

附属绿地
附属绿地
五四广场
新清华学堂

美术馆停车场
主楼前广场
主楼附属绿化
公管学院附属绿地
经管学院附属绿地

图 6-7 清华大学开放空间分布图

有这些联络线汇集到一起得出学生户外活动活跃度分布区域。根据活动轨迹的划分以及活动模式的分类的实证调查，可以将校园范围以等分线的形式定性地划分为以下几个区域：核心区域、次核心区域、边缘区域和外围区域。从学生活动视角来看，校园以学生活动的频繁程度划分成的四个区域形成互相大致互相咬合的模糊边界的同心圆的塑形形态，活动的频繁度由中央向周围递减（图6-9）。

· 基于热力图的校园空间使用情况

根据学生在校园开放空间的行为模式，将校园开放空间按照功能分为交往空间、运动空间、通勤空间和隔离空间。百度热力地图是利用获取的手机基站定位该区域的用户数量，通过用户数量渲染地图颜色，实现展示该地区

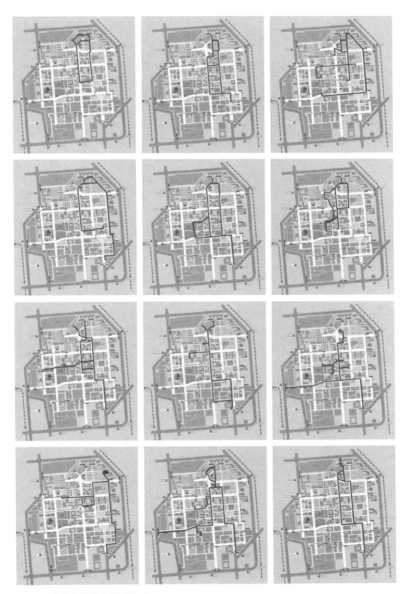

图 6-8 清华大学学生活动地图

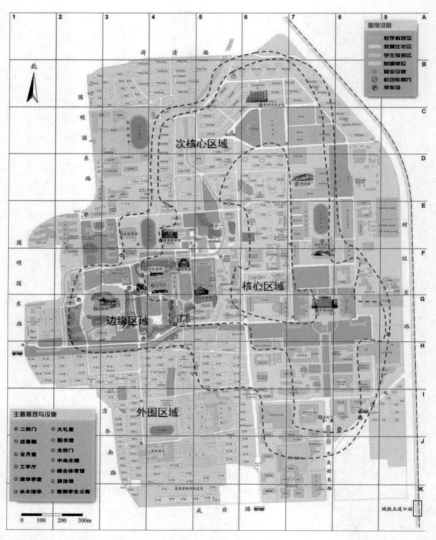

图 6-9 学生视角的清华大学活动区域划分

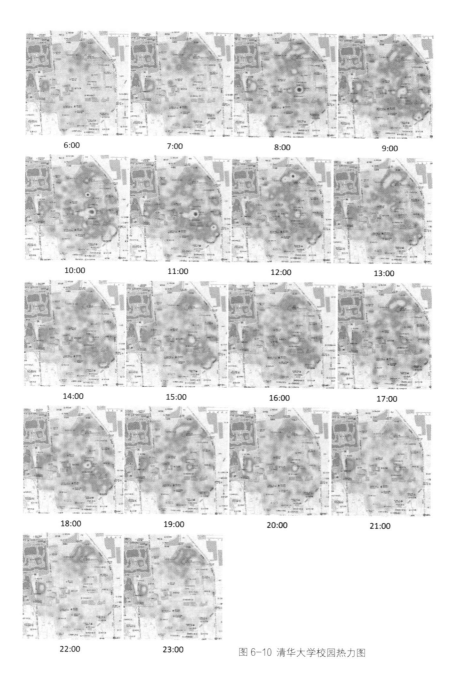

图 6-10 清华大学校园热力图

人的密度（图6-10）。红色越集中的地方，就是用户经常出现的地方，橙色次之，绿色表示用户出现较少。在本次调研中以空间的使用率高低作为该空间所发生的行为的评价指标，以百度热力地图为研究分析对象。通过对清华大学在一日6:00-23:00的热力图分析，得出清华大学开放空间使用率的现状。

·吻合度分析比较

通过将空间结构、功能分区、使用者认知地图、活动轨迹以及空间使用实证情况相对比，评估小组发现校园内存有两个明显的空间错位：一是认知地图与行为地图的错位；二是使用者行为轨迹与空间设计意图的错位。

在对清华大学的校园空间环境进行意向认知时，二校门、大礼堂和主楼是典型的标志物，其要素典型且集中。但认知的核心区域明显与行为轨迹和活动模式的核心区有所不同。在行为地图中，核心区是学校的南北主干道，连接起新学堂和学生宿舍区，沿路周边布置了各大教学楼。因此，对于学生这一群体，一方面对于校园的认知仍以宣传和大众意识中的标志性景点为主，但行为模式却围绕日常生活而展开。这在不少以景点著称的综合性大学中尤为常见。

当比较叠加记录使用者行为轨迹所形成的行为圈层图，与热力图所显示的空间设计图时，可以发现，学生这一群体的行为轨迹，只代表了校园内很小一部分的人群。在早晚高峰，校园的东南门活动着很多大学科技园的上班族，而在白天时分，清华西门靠近清华园等园林景点处，则聚集了大量的游客。

清华大学的规划设计平面图与行人使用之间也存在错位。比如，园区所设的若干活动场地与学生的主要活动范围并无明确的相关性，使部分活动场地（如紫荆雕塑园、五四广场等）的场地环境与学生户外活动的关联性降低。根据佩里的邻里单元理论，可步行距离最多不超过800m范围，而校园户外开放空间对于学生而言可达性较差，降低了学生使用户外开放空间的主动性，同时校园尺度过大，学生出行的交通工具多为自行车，不便于人自发性行为的发生，进一步降低了校园部分开放空间的使用率。此次调研中影响场地使用率的个人环境决定于学生对其个人环境的认知。清华大学学生的生活节奏快，对周边场地的认知范围停留在自己宿舍、教室、院系、校园内知名景点以及常去的食堂、操场等地方。多数学生并没有认知整个清华校园。部分学生几乎不在所设计的集中活动场地（如紫荆雕塑园、五四广场等）活动，甚至不知其位置所在。

随着网络信息时代的迅猛发展，数字化社会也在改变着学生这一批年轻一代的生活方式和行为模式。一方面，学生们的社交活动多发生在 QQ、微信；购物多发生在淘宝、京东等；饮食聚餐有肯德基宅急送、饿了么、百度外卖等；甚至信息的获取也依托于大量的网络资源，因此大大减少了面对面社交的需求和机会，并且对开放空间有无线网覆盖、充电设施等额外要求。另一方面，网络资讯的发达也使得学生的社会活动范围不再局限于校园围墙之内，更多的活动轨迹迈出了校园。因此，需要进一步扩展城市建成环境的调查范围，才能更准确地评价使用者的行为和需求。

二、从绿色评估迈向综合可持续空间测度

当下，从绿色节能角度对建筑和建成环境进行评估的各种理念和范式方法层出不穷，如温室气体排放指标控制论、生态城市体系、绿色城区导则、节能建筑评价等。然而，当将低碳措施应用在城市建设和发展过程中时，单纯的绿色保护理念与现实中城市对经济增长和社会发展的追求往往存在难以调和的矛盾。正如联合国开发计划署的《2013 年人类发展报告》指出，世界各国中，既拥有高人类发展指数，同时人均生态足迹又低于全球平均人均生态承载力的国家寥寥无几[50]。可以说，如何在"社会—经济—环境"三者中寻找平衡和共鸣，一直是城市可持续发展的核心议题[51]。

早在 1992 年通过的《联合国气候变化框架公约》（UNFCCC）就指出：

应对气候变化，一是通过减少温室气体排放以减缓变化，二是适应气候变化的影响[52]。前者主要通过节能减排的相关政策和技术措施得以实现，后者则需要城市管理者和城市规划师从绿色节能转向综合的视角提升城市在社会公平、经济稳定、环境保护方面的韧性（Resilience）和稳健性（Robustness）。

在城市建设中，城市的公共空间环境，是市民活动和社会经济活动的空间载体，其场所环境品质也是城市的适应性良好与否的一个缩影。为此，本节以城市公共空间为切入点，从综合可持续的视角分析当前的城市设计实践，探索以适应气候变化为目标的城市设计策略的研究范式和关键要素。具体来说，以可持续发展的"环境（Environment）—公平（Equity）—经济（Economy）"的"3E支柱"之间的平衡和博弈为视角，结合绿色基础设施、公共交通优先、开放空间共享和城市安全再造四个议题，探讨城市公共空间设计原则和诸多"低碳绿色"设计对策相比所呈现出的综合多元的特点[53]。

1. 基础设施——从灰色到绿色的转变

随着近年来气候变化和极端天气频发，过量的降雨和洪涝对城市市政管网造成极大冲击。2009年，美国费城市政府发布《绿色工程：费城可持续总体规划》中提到，为了减少城市泄洪排水管道的压力，明确提出要储存最开始2.5 cm的瞬时降雨量，并对储存的雨水进行吸收和再利用[54]。到2020年，将会有40%的地表层成为可渗透地表，为此，停车场、道路路面、沿街开放空间和绿化带等均被进行系列改造。

街道及其路沿是占据公共不可渗透表面最大比例的单一设施，约占综合排水覆盖的地面面积的38%。费城水务局于2009年发布《绿色城市、清洁水源：费城综合排水规划》，提出了绿色街道改造的若干策略措施[55]。街道两侧将增加微型雨水花园，用于吸收地表雨水径流，将其汇入斯古吉尔河道；行道树沟、可渗透铺装人行道，以及经过微调整的街道水湾共同组成了雨洪收集设施，将雨水汇集至地表下的地下水补给带。除了主要干道外，费城还针

图 6-11 费城街道改造示意

图 6-12 费城小街巷改造示意

153

对为数众多的小型街巷提出改造措施。小型街巷多位于费城中心区的住宅区或商业街区的背侧，"策略"提到将其改造为雨水渗漏带，或在路端头设置多个雨洪收集点。这些措施所耗费的经费不多，却直接带来了地表 6% 的雨水汇流量。并且，由于这些小街巷都是通往各家各户后院入口的必经之路，当地居民纷纷参与到雨水花园的改造中，在提升社区认同度的同时，也很大程度上推广了市民对绿色费城策略的认知。对街道管网及基础设施的改造费用主要来源于市政当局的投融资，市政府拨款预算主要的改造重点在于雨水存储系统，而对于可渗透型路面，特别是诸如绿色停车场的改造，则通过对周边地产开发的区划激励和绿色奖励政策得以实现（图 6-11、图 6-12）。

绿色街道的改造不仅在环境保护方面实现了雨水回收，降低了对基础设施的压力，在经济效率方面，对市政设施管网的改造虽然先期投入有所花费，但是从全生命周期的角度来看，避免了日后的重复开挖返修，而对雨水的回收利用也有效节省了花园和植被灌溉、地下水开采、雨污后期分流等成本。在场所营造中，雨水花园、绿色慢行道和行道绿沟的设置，将雨洪管理、公众参与和街景设计相结合，提升了社区参与感和城市的空间品质，也提高了城市的绿地可达性。

2. 绿色公交——兼顾节能减排和运营效率

可达性和机动性一直是城市街道在交通路网设计中的关注要素。交通设施是仅次于建筑的温室气体排放的第二大主因。因此通过减少汽车行驶里程、减少私家车数量，可以有效实现节能减排的目标。德国弗赖堡市通过打造便捷舒适的公交体系，成功鼓励绿色出行。弗赖堡坐落于莱茵河畔，早在 1969 年就制订了第一个"交通总规划"[56]。弗赖堡所有的大城区均通有方便快捷的有轨电车，且约有 65% 的市民居住在有轨电车沿线附近。高频次（每 7.5 min 一班，高峰车次更为密集，平均每 3 ~ 5 min 一班）、多站点（每个街坊都有站点）的电车设计，使得每个市民都能方便快捷地到达各住所、办公点及休闲区。大多数的公共交通线路都是围绕市中心和火车站设计，大大提高了市中心的可达性和城市之间的交通连接性。同时，有轨电车和公共汽车享有很高的路权优先，依靠变换路口的信号灯，有轨电车可以优先使用路面，甚至草坪。

弗赖堡的公共交通系统不仅在提高效率和增加频次方面加大运行力度，更值得一提的是，在公众需求和社会关怀方面也实现了精细化运营。弗赖堡的公交车辆全部经过符合儿童、残疾人和老年人需求的现代化改造，新式电机和悬挂系统的改进减少了车辆噪声，在节日和举办小型活动期间，车票还能够作为活动门票使用，进一步扩大了客流量。而针对私家车问题，一方面，在城中心将道路两旁的私家车停车位改成自行车道，住宅区也不设私家车库，只在城区外围通道等处规划小部分区域作为公共停车场，以备居民出城急用，另一方面，在居住区严格推行住区交通稳静化。

在公共交通方面的"拉"和私家车方面的"推"，使得弗赖堡的大多数居民选择公交出行，放弃私家车。而位于远郊的居民，则有近三分之一采用了"P+R"换乘模式进入市区。据粗略计算，平均每位居民每天至少乘坐一次公共交通。以"共享出行"为理念的整体公交体系大大提升了城市街道的利用效率，通过混合交通模式，有效减少了交通拥堵；将生活与出行相结合的精细化公交管理和人性化交通工具改造也在节能减排的同时提高了绿色交通的社会接受度。

3. 开放空间——再造城市街头生活

自古以来，街道就是城市公共生活的空间载体。市场、集会等活动或发生在街道两侧，或发生在街头广场。近年来，绿色街道的评定不仅关注环境生态的保护，更是倡导绿色生活方式的回归，重塑城市街头生活。快闪公园PARK(ing) Day，便是其中的一个典范。在 2005 年，旧金山的 Rebar 艺术 & 设计工作室（下简称 Rebar）针对城市中停车位不断侵蚀公共活动场所的情况，进行了一场实验，即租用一个两小时的停车位，将其改造为休憩的场所。这个实验活动被迅速扩散， Rebar 也将此实验升级成一个开源项目，即每年 9 月第三个周五的 PARK(ing) Day，并制作了一份操作指南。据 PARK(ing) Day 官方统计，在 2011 年已有 6 大洲，35 个国家，162 个城市的居民参与，建造了共计 975 个"公园"[57]。各地的居民根据所在城市或社区环境中所缺失的社会交往、文化或生态功能，创造出各式各样的小空间，如艺术装置、自行车修理铺、演奏场所、体育表演场地、城市农场，甚至婚礼场地等。北京、上海等国内城市也纷纷涌现出不同的创意。各式各样的公园日行为营造出了独特的社区文化价值，并在一定程度上提升了游客量和土地价值。

从英国到纽约，从新西兰到阿布扎比，世界各地的大都市都进行着各种以改变车行为主导的道路现状改造，建设更生态、更具生命力、更生活化的城市公共空间为目标的街道新建和改造项目。[58]2008 年，美国纽约市公布《街道设计导则》，提出将街道建设为更好的公共空间，并在同年 5 月将百老汇大街改造为纯步行道路。加拿大温哥华市经过细致调查和分析，选择了 16 条最有代表性的街道进行建设，并充分考虑市民的出行和游憩需求，将街景设计、雨水收集和社区活动公园相结合。丹麦哥本哈根和荷兰的阿姆斯特丹等城市大力推广以自行车为主的环保交通方式，结合城市和郊区的具体建设环境，打造各式各样的慢行绿道和步行（自行车）友好空间[59]。通过慢行绿道，将自然环境引入城市建设，即有利于城市体育运动的发展，又实现了街道场所微气候的改造目标，并有利于城市形象的提升和城市更新。

4. 社区建设——空间安全和社会交往

在可持续发展的社会议题中，安全性与犯罪预防是重要的主题之一。城市安全问题不仅包括暴力犯罪等行为，还包括反社会规则行为，如强迫性乞讨以及场所缺乏维护行为、脏乱的公园等。不能给人安全感的城市会影响人的行为，如减少夜间外出等，降低城市活力，对城市社会与经济发展也会产生负面影响。欧洲标准委员会（CEN, Committee of European Normalization）

于 2003 年修订《欧洲城市安全规划标准》，其中对交通体系和街道设计提出系列要求。[60] 如：优秀的城市交通系统和可达性设计可以鼓励城市活动的流动性，增加城市活力和自然监管。避免出现被隔离的社区和被围合的楼圈起来的空地，公交站点的设计也要在活动多的地区，不要在废弃的场所，各换乘点之间要有清晰方便地连接。

理论研究显示，自行车道、人行道、车道混合的道路会增加天然防卫，而孤立的人行道，尤其是在夜间的安全性会大大降低。[61] 如澳大利亚城市安全规划手册中指出，在道路设计时避免仅用人行道连接的小巷，而且小巷要短且直，一眼可望到头，避免封闭道路的尽端。[62] 在人行道设计上要方向明确，可以看清走向，不要出现让人无法看见的道路近端的急转角。当人们无法辨明方向时会产生焦虑心理，同时在找路的时候会降低对潜在危险的注意，增加被袭击的风险。在沿街建筑导则控制时，米兰、澳大利亚等地区和国家的安全设计标准手册上均提到：围墙等隔离措施尽量采用可以使视线通过的镂空形式；停车场、树林等地方避免过度密集无法使视线通过；绿化最好采用高大的树木以减少视线阻隔；建筑要开有面向街道的窗子，使人们在楼房可以看到公共空间。

在街道层面对城市安全和社会交往的关注也能有效减少周围环境绿色植被的破坏程度，并提升街区的应急、防灾、减灾的韧性和稳健性，提高土地利用效率，降低风险损害。

5. 可持续城市公共空间分析范式

基于可持续发展在"环境—社会—经济"三方面的理念演进，结合城市公共空间自身的交通功能和价值属性，构建了可持续城市设计策略"场所（环境）—使用者（社会）—全周期（经济）"的要素框架（图 6-13）。可持续发展的"3E"支柱由"环境保护"（Environment）、"社会公平"（Equity）和"经济效率"（Economy）组成，可分别对应城市设计中的"场所"（Place）、

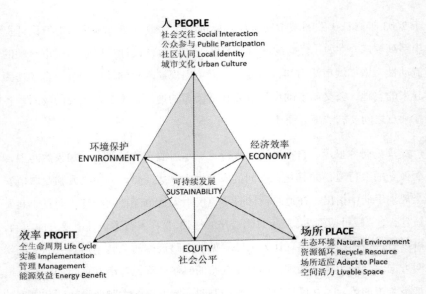

图 6-13 可持续城市设计策略要素分析框架

"人"（People）和"效率"（Profit）三大要素。三者互相关联，共同作用，组成了可持续视角下的城市设计要素分析体系。下面结合具体案例来对设计策略进行分析。

从国际经验来看，获得成功的公共空间设计策略往往兼顾了可持续发展中的社会公平、环境保护和经济效率的目标，但又各有侧重（表 6-2）。城市市政基础设施主要关注雨水回收和再利用的生态环保目标；绿色公共交通体系则通过发展环境友好型公共交通，减少拥堵，节能减排并提升城市空间效率；公共空间的场所营造和各种关注社会交往和空间安全的改造措施则关注于可持续发展的社会属性，力图提升社区空间品质，促进城市有序更新。

在我国目前大多数的城市设计实践中，由于公共空间涉及道路、园林、市政等多个部门，以及利益主体多元、交通问题更为突出等原因，对综合可持续公共空间的设计策略研究尚未真正展开。但随着城市发展从增量开发转向存量优化，空间管控愈发趋向精细化管理和人性化设计，公共空间品质提升将成为未来城市工作的重点。从绿色向综合可持续转变的分析框架，能够为社会转型下的空间设计提供一定的思路。

可持续"3E"视角下城市公共空间绿色设计策略特点分析　　　　　　　　　　表 6-2

	社会公平 Equity	环境保护 Environment	经济效率 Economic
基础设施—— 从灰色到绿色 的转变	城市慢行绿道建设 社区参与建设雨水花园 提升绿地可达性	吸收暴雨降水 提升绿量 清理整治街角废弃用地	基础设施全生命周期维护 有效避免后期翻新修缮 雨水回收再利用
绿色公交—— 兼顾节能减排 和运营效率	倡导新的出行模式 交通安静区域 交通工具人性化改造	减少小汽车行驶里程，节能减排 发展环境友好型公共交通	共享出行和停车提升经营效率 TOD 引导开发 "P+R"减少交通拥堵
开放空间—— 再造城市街头 生活	步行、自行车友好空间 增强街道可达性 创造社区独特文化和价值	活动与自然环境相契合 改善场所微气候 减少建筑能耗	利于城市更新 提升沿街土地价值
社区建设—— 街道安全和社 会交往	增加社会交往活动 环境设计预防犯罪 提升街道安全	有效减少环境植被破坏程度 防灾应急响应 提升街区韧性	提高土地利用效率 降低风险损害

第七章
关于开展我国工程项目使用后评估工作的建议

一、使用后评估的未来发展方向

尽管社会各界对我国的建筑使用问题已经予以关注，但是我们看到使用后评估在中国的重要性和紧迫性仍未引起足够的重视。长期以来建筑设计师以施工图设计为建筑项目的截止，缺乏对建成环境的调研、评价与研究。企业和投资者出于利益驱动，在建筑项目开始前进行建筑策划和可行性研究，但在建成后进行使用后评估的意识仍非常薄弱。相比于西方国家，我国的建成环境使用后评估仍未得到设计师、甲方和行业协会的足够重视，公众参与制度和政府介入的公共空间使用后评估还远远不够。至今为止我国尚无明确的法律或行业法规明确使用后评估和建筑策划的地位，这已经造成在过去的几十年我国城市化建设浪潮中的种种弊端。

在使用后评估的研究方面，目前我国的研究仍以高校为主体，以使用后评估的基本理论为主，理论结合实践的研究和对系统方法的研究不足。在高校教育和职业建筑师教育中缺乏对使用后评估的重视，大多数高校尚未开设与使用后评估相关的课程，研究成果仍以研究生的论文为主，缺乏系统的学术专著。如何推动使用后评估的系统研究是我们共同面临的一大问题。

使用后评估在中国的发展才刚刚起步，未来无论是使用后评估理论研究还是实践应用都有很多发展的可能性。

专业化：随着使用后评估的重要性日益凸显，建筑市场竞争的环境和巨大投资项目对使用后评估的需求增加，使用后评估的专业化将进一步提升。使用后评估作为专业策划咨询机构和建筑设计企业的一项专门化业务，需要专业的评估团队和策划咨询师，对建筑师的能力也提出了更高的要求和挑战。

精确化：21世纪大数据科学的兴起，互联网对传统行业产生巨大的冲击。在此背景下，使用后评估将由定性研究进一步迈向定量研究的精确化和数据化。计算机科学和数据科学使得建筑师得以对建筑的物理环境和使用者的广义评价进行精确的测量、记录和分析。大数据科学使得使用后评估中复杂的相关关联逐渐浮现，为更加客观、全面的评价体系的建立提供了有力的工具。

学科融合化：使用后评估的方法呈现出越来越多元化的趋势。使用后评估中对于建成环境物理量的测量评价和对使用者主观心理量的测量评价，使得使用后评估团队需要来自不同学科的专业人才和方法。信息模型、虚拟现实、智慧城市、人工智能等新兴学科方法都能够被使用后评估所借鉴。建筑师如何在学科融合化的使用后评估过程中寻找自己的角色和位置，是未来建筑师需要面对的问题。

内容扩大化：从早期的使用后评估对象以单一的学校建筑为主，到今天的包括绿色生态建筑评估、体育场馆赛后利用评估在内的广泛的评估对象，使用后评估的内容不断扩大。未来，使用后评估的内容涉及整个建筑行业，评估对象扩大为室内设计、城市设计、交通设计等。使用后评估与建筑策划评估、建筑设计方案评估等共同组成建筑全性能评估，对建筑的全生命周期进行系统的评估。

成果的应用转化：使用后评估既是对当前建筑项目的反馈，也对未来同类建筑项目具有前馈的作用。使用后评估的成果不仅是对被评估建筑的综合评价，也是对同类型建筑项目乃至建筑规范和建筑方法的启示与革新。未来的研究中，使用后评估的成果如何在特定条件下通过学习、转化、推演，并成为新项目的设计条件和经验，是使用后评估的发展方向之一。

二、评估对象：公共建筑的界定与标准

哪些建设项目需要进行使用后评估？在国际上，许多发达国家都有明确的范围和目标界定，并通过相关法律法规的出台保证建筑使用后评估的合法进行。本质上讲，所有类型的建筑建设项目在建设初期的可行性研究阶段，以及制定任务书的建筑策划阶段，都必然会进行同类项目的调查，只是调查评估的专业性、深度与准确性各有优劣。美国建筑师学会鼓励建筑师参与自己建筑项目的使用后评估业务，并在 AIA 建筑师职业实践手册中针对使用后评估业务提出明确的指导；英国由政府牵头，展开了一系列公共建筑的使用后评估专业调查，从空间性能、能耗效率和用户调查等方面综合评价建筑物的状况，并深入了解其存在的共性问题背后的策划、设计和运营管理原因；日本为保证项目建设的根本质量与可持续性，对环境行为和使用者需求展开详尽深入的研究分析。

在中国，建议对政府主导投资和国有投资建设的大型公共建筑工程展开使用后评估。"政府主导投资建设项目"，即政府投资或融资的建设项目，政府在项目过程中占主导地位。随着我国经济体制改革的深入和政府职能的调整，政府对其职能范围内管控的项目，不再通过资金投入来体现主导地位，相应地调整为项目建设方。一方面对项目所有权有所控制，另一方面放宽项目经营管理权。对项目本身而言，作为建设主体的政府要比项目的投资主体更有主导作用。因其决定了是否进行该项目建设，如何进行该项目建设。这是投资项目建设的原点，掌控着投资项目建设的全过程。我国目前国有投资

主体基本是国企，国有投资建设项目是国企投资或融资建设的项目。

三、评估主体：公共建筑使用后评估的操作与工作主体

对使用后评估的组织与管理，在国际上不同国家都有各自的情况和处理办法。一般而言，需要三方面机构对公共建筑工程后评估项目进行政策化支持。需要国务院主管城市建设的部门出台公共建筑后评估的全国性政策与规定性文件，明确哪些类型建筑必须或建议进行后评估工作，并指导与监督全国公共建筑后评估工作；其次，地方政府相关部门需要根据区域情况的差异制定和完善当地公共建筑后评估的政策与制度，有效组织与管理地方公共建筑后评估工作的进行；第三，一些权威性研究机构与行业协会可以参与到政策化的支持工作中来，在西方许多国家，地方政府会委托行业协会进行这方面的工作。

不论是政府主导投资和国有投资的公共建设项目，或其他投资类型的建设项目，其使用后评估工作的主体，应该是由投资方组织的、以建筑师为主导的、其他相关行业与部门共同参与的协作化专业资格团队或机构。而此评估主体，需符合国家相关资格的认可，尤其在建筑设计领域应具有资质认证，或在建筑使用后评估领域具有丰富经验。而公共建筑后评估工作的顺利进行，还需依赖于国家与地方政府主管部门的组织、审查与监管机制。通过将使用后评估纳入全过程工程咨询的内容之中，提高政策的后评估力度，从被动出策到主动出策。

针对我国国情，公共建筑后评估分为建设项目全生命周期中的使用后评估和专项性能的使用后评估。其中，建设项目全生命周期中的使用后评估关注建筑综合全面的性能表现。而专项性能的使用后评估则针对公共建筑的绿色、消防、安全等独立程序展开评估。

四、评估内容：后评估指标体系研究

使用后评估是对建成并使用一段时间后的建筑及其环境进行评价的一套系统程序和方法。其原理是通过对建筑设计的预期目的与实际使用情况加以对比，收集反馈信息，以便为将来同类建筑与环境的设计和决策提供可靠的客观依据。基于此，大型公共建筑后评估的重点在于分析项目在建筑策划阶段各类空间关系的完成度，通过形成"前策划、后评估"的闭环，加强公共建筑项目策划决策过程的科学性、建筑设计及施工建造过程的完整性，以及建筑性能发展的可持续性。

大型公共建筑后评估指标体系内容，是根据国民经济发展近远期规划、地区规划、城乡规划和城市设计的要求，基于建筑策划及设计的成果，对建设项目投入使用后的规模、投资、功能、性能、形象、使用状况等方面进行综合分析论证。主要包括经济合理性、功能需求合理性、对城市空间和历史文化的传承与创新引导、公共利益的均衡保证、节能环保性能指标、使用者行为及满意度等。其中，针对每一项评估内容，均根据公共建筑工程的项目类型，设置通用性指标和专门性指标。

大型公共建筑后评估指标体系的标准来源于但不限于：城市规划及建筑设计相关法律法规和规范文件、专门性建筑性能规范要求（如绿色建筑标准、建筑工程安全管理等）、城市设计导则及城市建成环境设计指南，以及现有数据库及专家智库的既有研究成果和结论判断等。

大型公共建筑后评估形成的结论和指导意见包括：对现有公共建筑工程建筑策划与设计中空间关系的落实度分析；对公共建筑中的问题进行识别和解决；以及提出对同类建筑设计资料库、设计标准和指导规范的更新。

下一步，将着手开展大型公共建筑后评估的标准及实务手册的研究编制工作。

五、中国公共建筑使用后评估行动纲领（草案）

如何在我国当下推动使用后评估的研究和实践，是我们共同面临的挑战。为促进我国建设程序的科学化、决策流程的法制化，提升大型公共建筑的设计水平，加强设计管理，后评估的专业化，完善建设项目决策管理，提出中国公共建筑使用后评估行动纲领（草案）。

1. 中国公共建筑使用后评估在学术界的行动建议

确立建筑使用后评估在建筑学及人居环境科学中的重要地位。明确建筑使用后评估与建筑策划的关系。

积极推动建筑使用后评估的研究，形成良好的建筑使用后评估研究环境。形成由大学和相关研究机构为主导、设计与策划咨询企业参与、政府及行业协会支持的研究环境。

鼓励研究人员在国家科研课题申报中对建筑使用后评估进行研究立项，提供研究基金对使用后评估的理论和方法进行研究。

定期举办建筑使用后评估的国际交流会议和专题报告，引进国外建筑使用后评估专家，促进学术水平的进步。

翻译出版建筑使用后评估的先进理论研究著作，出版国内学者对建筑使用后评估研究的学术专著。

明确使用后评估对建筑项目的重要作用，确立使用后评估的重要地位。大型公共建设项目、重要影响的项目要求或鼓励进行使用后评估。

高校应重视建筑使用后评估的教学和研究，在有条件的高校开设建筑使用后评估相关课程，建设使用后评估公开课、示范课、精品课，编制使用后评估的教学体系和相关教材。

建立交叉专业研究平台，联合社会学、心理学、数据学、经济学等专业，形成以建筑使用后评估研究为核心、多学科共同参与的研究体系，鼓励不同专业的研究生和研究人员进行交叉学科的研究。

建立建筑使用后评估的案例数据库并进行分析研究。

2. 中国公共建筑使用后评估在行业界的行动建议

确立建筑使用后评估在建筑设计项目中的重要地位。明确建筑使用后评估对建筑设计、运营、管理、维护、改造过程中的作用。

在建筑设计项目中推广使用后评估的应用。通过建筑设计条件优惠、报奖优先等措施鼓励建筑师和开发商对建筑项目进行使用后评估；对于由政府或社会公共部门主导的大型公共建设项目，或者对城市建设影响重大的项目，通过规划要求、建成审核等方式要求建筑师和开发商进行建筑使用后评估研究并计入档案。

将建筑使用后评估纳入到建筑设计规范的编制中，发挥建筑使用后评估对建筑设计规范的前馈作用，确保建筑使用后评估的结果在实践中发挥作用。

行业协会及相关部门单独设立建筑使用后评估奖项，并将使用后评估的结果纳入建成建筑的报奖与评比中。

推动并规范建筑使用后评估的市场化，明确使用后评估的参与主体、实施主体和责任主体，讨论形成建筑使用后评估的成果标准和收费标准。

提高建筑师进行建筑使用后评估的业务水平。由行业协会、建筑设计院或相关培训机构开设建筑使用后评估课程，组织职业建筑师学习并纳入职业建筑师和注册建筑师的要求中。

提高开发商、投资者对建筑使用后评估重要性的认识。通过案例宣传、使用后评估培训等方式，让开发商和投资者意识到使用后评估对建筑设计经济效益、社会效益最大化的重要作用。通过拿地优先、建设条件补偿等措施激励开发商主动进行建筑使用后评估。

促进建筑使用后评估的产学研互动，推动最新的研究成果在实践中应用。定期举办学术界与行业界的联合会议，介绍使用后评估的最新研究成果和实践需求，搭建"研究—实践"桥梁，鼓励职业建筑师与相关研究人员进行合作。

3. 中国公共建筑使用后评估在政府及公众社会中的行动建议

确立建筑使用后评估在国家城乡建设中的重要地位。明确建筑使用后评估对社会公平、资源利用、空间节约、稳固推进城市化建设的重要作用。

明确建筑使用后评估的负责、监督与评审部门与评审流程。

制定建筑使用后评估的规范，编制相关法律，明确什么样的项目必须或鼓励进行建筑使用后评估，明确建筑使用后评估过程中建筑师、开发商、政府及其他相关部门的权责与问责机制。

大力支持建筑使用后评估的研究。在国家自然科技支撑和自然科学基金等层面，设立建筑使用后评估的专项课题，以鼓励学者和专家参与建筑使用后评估领域的理论、方法及应用研究。

建立相关的使用后评估公众参与网站，对于大型公共项目或对城市影响重大的项目，建成投入使用后开放网页、微博等公共评论渠道，对公共舆情进行监测统计。

积极在社会公众中宣传建筑使用后评估的社会意义，培训市民、社区组织和非营利性公益组织等群体，鼓励公众参与到建筑使用后评估过程。

鼓励媒体对重大公共建筑工程使用后评估进行报道，对使用后评估的成果进行公示宣传。

附录 "评"则明，"预"则立——中国建成环境使用后评估倡议书

建成环境使用后评估是指在建筑建造和使用一段时间后，对建筑进行系统的严格评价过程，主要关注建筑使用者的需求、建筑的设计成败和建成后建筑的性能，这些均为将来的建筑设计、运营、维护和管理提供坚实的依据和基础。

自诞生之日起，建筑使用后评估就与建筑策划密不可分，闪现着理论结合实践、设计创作与技术实证相结合的伟大思想。建筑师对建成环境的探讨始于两千多年前维特鲁威提出的建筑"实用、坚固、美观"三要素。20 世纪 60 年代开始，以佩纳和普莱瑟等为代表的建筑学者将建成环境使用后评估与建筑策划相结合，开始系统地对建成环境的绩效评估进行研究实践。半个多世纪以来，建成环境使用后评估已发展为面向不同时期使用价值、综合多种评估方式与步骤的系统体系，其研究对象涵盖校园建筑、医院、住宅、政府公共建筑和生态建筑等多个类别，研究方法也融合了现代心理学实验与评估、计算机动态模拟评估、大数据与实时监测、空间句法与城市性能评估等多种交叉学科方法。

与此同时，我们也看到，在我国当前飞速发展的城镇化背景下，大量建筑因其功能不合理、使用问题等非质量因素而拆除，造成巨大的社会资源和空间资源浪费，带给生态环境和公众利益巨大威胁。仅"十二五"期间我国每年因为房屋的过早拆除造成的浪费就超过 4000 亿元。建筑功能组织和内容设置的欠考虑，对环境理解的缺位，以及将建筑设计简单等同于外观塑造的想法，导致了我们的建筑使用功能不合理，经济效益、环境效益和社会效益低下，这些都直接或间接地缘自建筑标准的过时和建成环境系统评估的缺失。为此，2016 年 2 月中共中央国务院印发的《关于进一步加强城市规划建设管理工作的若干意见》中提出要"按照'适用、经济、绿色、美观'的建

筑方针，突出建筑使用功能以及节能、节水、节地、节材和环保，防止片面
追求建筑外观形象……建立大型公共建筑工程后评估制度。"

我们呼吁学界、业界、政府及社会各界对我国的建筑使用后评估引起足
够的重视，共同推动使用后评估理论与实践在中国的发展。这是历史的责任，
是人居环境健康发展的保障，也是社会进步的方向。因此，我们向全社会提
出以下行动倡议：

1. 明确建成环境使用后评估对建筑项目的重要作用，确立建成环境使用
后评估的重要地位，要求或鼓励大型公共建设项目及具有重要影响的项目进
行工程使用后评估；

2. 积极推动建筑及城市空间建成环境使用后评估研究，将建筑策划同城
市更新、建筑环境、社会学、心理学、经济学等专业方向相结合开展跨学科、
多专业的理论与实践研究，参与政府主导的城市发展研究，并开设建成环境
使用后评估相关的职业建筑师培训课程；

3. 展开建成环境使用后评估相关标准体系的研究，推动具体的国家标
准、行业标准、地方标准、导则和指南的计划、修编和制定工作。

建筑的落成不再是一个终点，而是在建筑全生命周期循环过程中的一个
重要环节。建成环境使用后评估在中国的发展较晚，中国的城镇化建设任重
道远，我们共同肩负着城市与建筑发展新时期的使命，中国建筑学会建筑策
划专业委员会愿意搭建这一平台，与建筑学人及社会各界同心协力，共同推
动建成环境使用后评估及中国城乡建设事业的发展，为中国城乡建设事业的
进步贡献自己的力量！

"对结果的认识依赖并且包含了对原因的认识。"

———斯宾诺莎《伦理学》

参考文献

1. GIBSON, E. J. Working with the Performance Approach in Building [R]. CIB Report Publication 64. Rotterdam, The Netherlands. 1982.

2. 汪晓霞 . 建筑后评估及其操作模式探究 [J]. 城市建筑 , 2009 (7), 16–19

3. Wolfgang F.E. Preiser, Harvey Z. Rabinowitz, Edward T. White (1988), Post-Occupancy Evaluation, VNR Van Nostrand Reinhold Company, p3

4. FRIEDMAN, A., ZIMRING, C. and ZUBE, E. Environmental Design Evaluation [M]. New York: Plenum Press. 1978.

5. MALLORY–HILL, S., PREISER, W. and WATSON, C. Enhancing Building Performance [M]. UK: Wiley–Blackwell. 2012.

6. 汪晓霞 . 建筑后评估及其操作模式探究 [J]. 城市建筑 , 2009 (7), 16–19

7. Ranulph Glanville, Researching design and designing research, MIT paper, 1999

8. [德] 汉斯·波塞尔 . 科学：什么是科学 . 李文潮译 . 上海：上海三联书店 , 2002，p173–177

9. SCHÖN, D. The Reflective Practitioner: How professionals think in action [M]. London: Temple Smith. 1983.

10. Wilbert Ellis Moore, The Professions: Roles and Rules, Russell Sage Foundation, 1970, p56

11. SCHÖN, D. The Reflective Practitioner: How professionals think in action [M]. London: Temple Smith. 1983.

12. SANDERS P A, COLLINS B L. Post–occupancy Evaluation of the Forrestal Building [M]. U.S. Department of Energy, 1995.

13. PREISER W.F.E., RABINOWITZ H.Z., and WHITE E.T. Post—Occupancy Evaluation [M]. London: Routledge, 2015.

14. SCHERMER B. Post—Occupancy Evaluation and Organizational Learning. 33rd Annual Conference of EDRA [C]. Philadelphia. PA, 2002

15. （美）沃尔夫冈·普赖策. 建筑性能评价 [M]. 汪晓霞，杨小东译. 北京：机械工业出版社，2008.

16. PREISER W.F.E., RABINOWITZ H.Z., and WHITE E.T. Post—Occupancy Evaluation [M]. Van Nostrand Reinhold Company, 1988.

17. PREISER W.F.E., RABINOWITZ H.Z., and WHITE E.T. Post—Occupancy Evaluation [M]. London: Routledge, 2015.

18. （美）罗伯特·赫什伯格著. 建筑策划与前期管理 [M]. 汪芳，李天骄译. 北京：中国建筑工业出版社，2005.

19. 李惠强，吴贤国. 失败学与工程失败预警. 土木工程学报. 2003.36（9）:91–95

20. 杜栋，周娟. 企业信息化的评价指标体系与评价方法研究. 科技管理研究. 2005（1）

21. 卜震，陆善后，范宏武，曹毅然. 两种住宅建筑节能评估方法的比较. 墙材革新与建筑节能. 2004.10

22. Osgood, C.E. etal., 1957, The Measurement of Meaning, Illinois Univ., Press

23. 小木曾定彰、乾正雄. Semantic Differential（意味微分）法による建筑物の色彩效果の测定，鹿岛出版会，1972.

24. 肖鸿 . 试析当代社会网研究的若干进展 . 社会学研究, 1999（3）: 1–11

25. 罗家德 . 社会网分析讲义 . 北京: 社会科学文献出版社, 2005.

26. 刘军 . 社会网络分析导论 . 北京: 社会科学文献出版社, 2004.

27. WASSERMAN S, FAUST K. Social Network Analysis: Methods and Applications [M]. Cambridge: Cambridge University Press, 1994.

28. 丁勇 , 李百战 , 刘猛 , 姚润明 . 绿色建筑评估方法概述及实例介绍 . 城市建筑 . 2006（7）

29. 向敏 , 王忠军 . 论心理学量化研究与质化研究的对立与整合 . 福建医科大学学报 (社会科学版). 2006（6）

30. KATO A, LE ROUX P. and TSUNEKAWA K. Building Performance Evaluation in Japan [M]. In Assessing Building Performance (eds W.F.E. Preiser and J.C. Vischer). Oxford: Elsevier. 2005.

31. COHEN R, STANDEVEN M, BORDASS B, and LEAMAN A. Assessing Building Performance in Use 1: the Probe Process. Building Research & Information. 2001.29(2): 85 – 102

32. Construction Task Force (1998) Rethinking Construction, DETR, London（'The Egan Report'）

33. RAW G. J. A Questionnaire for Studies of Sick Building Syndrome [R], BRE Report TC 6/95, January. 1995.

34. BORDASS B, COHEN R, STANDEVEN M, and LEAMAN A. Assessing Building Performance in Use 2: Technical Performance of The Probe Buildings [J].

Building Research & Information. 2001.29(2): 103–113

35. BORDASS B, COHEN R, STANDEVEN M, and LEAMAN A. Assessing Building Performance in Use 3: Energy Performance of the Probe Buildings. Building Research & Information [J]. 2001. 29(2): 114–128

36. LEAMAN A and BORDASS B. Assessing Building Performance in Use 4: the Probe Occupant Surveys and Their Implications [J]. Building Research & Information. 2001.29(2): 129–143

37. 部分章节编写自：庄惟敏，栗铁 .2008 年奥运会柔道跆拳道馆 (北京科技大学体育馆) 设计 [J]. 建筑学报 .2008(1)

38. 章节编写自：庄惟敏，李明扬 . 后奥运时代中国城市建设"大事件"应对态度转型的思考——以 2008 北京奥运柔道跆拳道馆赛后利用为例 [J]. 世界建筑 .2013.(8)

39. 林显鹏 .2008 北京奥运会场馆建设及赛后利用研究 [J]. 科学决策 .2007(11):11

40. 章节编写自：庄惟敏，栗铁，马佳 . 体育场馆赛后利用研究 [J]. 城市建筑 .2006.(3)

41. 章节编写自：梁思思，张维 . 城市规划、空间策划和城市设计的联动研究——以嘉兴科技城为例 [J]. 住区 ,2015,(04):110–114

42. CASTELLS M and HALL P. Technopoles of the World: The Making of 21st Century Industrial Complexes [M]. London: Routledge Press, 1994

43. ASP. "Survey of International Science Parks." [R] International Association of

Science Parks. 2002~2007

44. LANEY D. "3D Data Management: Controlling Data Volume, Velocity and Variety" [R/OL]. Gartner. Retrieved 6 February 2001.

45. 表格提供自清华建筑设计研究院有限公司运算化设计国际研究中心（IRCCD）

46. 章节编写自：张若诗，庄惟敏."游荡者"——基于平民视角的建成环境研究载体 [J]. 建筑学报 ,2016(12):98–102.

47. 朱顺泉. 数据统计分析的 R 软件应用 [M]. 北京：清华大学出版社，2015

48. 阿兰·祖尔，埃琳娜·耶诺，埃里克·密斯特.R 语言初学者指南[M]. 周丙常，王亮译. 西安：西安交通大学出版社，2011.

49. 章节选自 2011–2015 年清华大学研究生课《环境行为学概论》课程作业（董笑笑、李佩芳）

50. 合国开发计划署. 2013 年人类发展报告 . http://www.un.org/zh/development/hdr/2013/

51. 坎贝尔. 绿色的城市 . 发展的城市 . 公平的城市？——生态、经济、社会诸要素在可持续发展规划中的平衡 [J]. 刘宛译. 国外城市规划 ,1997(04): 17–27

52. 联合国环境与发展会议. 联合国气候变化框架公约 [R/OL]. （1992）. http://unfccc.int/resource/docs/convkp/convchin.pdf

53. 章节选自：梁思思. 基于可持续 "3E" 视角的城市设计策略思考 [J]. 城市建筑 . 2017(05): 38–42

54. NUTTER M. Greenworks Philadelphia[R]. Philadelphia: Municipal Government

of Philadelphia, 2009.

55. Philadelphia Water Department. Green City, Clean Waters: The City of Philadelphia's Program for Combined Sewer Overflow Control[R]. Philadelphia: Philadelphia Water Department, 2011.

56. 孙联生. 弗赖堡：让人主动放弃开车 [N/OL]. 新闻晨报（上海），2010-09-19[2017-04-20]. http://news.163.com/10/0919/05/6GU20NR700014AED.html.

57. Organization of PARK(ing) DAY. Things about PARK(ing) DAY[N/OL]. 2010. http://parkingday.org/.

58. 夏欣. 绿色街道——城市街道景观设计的创新与实践 [A]// 中国风景园林学会. 和谐共荣——传统的继承与可持续发展：中国风景园林学会 2010 年会论文集（上册）[C]. 北京：中国建筑工业出版社，2010.

59. GEMZOE L. Copenhagen on foot: Thirty years of planning & development Lars Gemzoe[J]. Word transport policy & practice, 2001, 7(4): 19–27.

60. VAN S P. The European standard for the reduction of crime and fear of crime by urban planning and building design: ENV 14383[C]. Capital Crimes Conference, Athens, Greece. October 11th, 2002.

61. BALDUCCI, A. Planning urban design and management for crime prevention: handbook[R/OL]. （2007）. http://designforsecurity.org/assets/downloads/Designing_Out_Crime.pdf

62. Western Australian Planning Commission. Designing out crime planning guidelines[R]. Perth: Western Australian Planning Commission (WAPC), 2006

致谢

本书所论述的内容是笔者以及清华大学的团队对使用后评估在中国近年来研究和实践的思考和汇总。在本书的编写过程中，得到了多方人士的大力帮助。感谢华南理工大学吴硕贤院士，他高屋建瓴的视野和对使用后评估的深刻认识使得本书有了一个较高的定位；感谢沃尔夫冈·普赖泽尔教授与我们分享他关于使用后评估研究和实践的累累硕果；感谢清华大学建筑设计研究院张维博士与清华大学建筑设计研究院公共建筑工程后评估中心为推动本书研究作出的大量工作与大力支持；感谢清华大学建筑学院博士研究生党雨田、张若诗、董伯许，硕士研究生张聪琦等人在课题研究、资料收集、部分章节成稿方面投入的精力，研究助理胡立琴在英文翻译及资料整理方面作出大量工作。感谢清华大学《住区》杂志编辑王若溪、葛方悟、陈芳在现场采访、素材收集和书稿整理期间的辛勤工作。

感谢中国建筑学会建筑师分会建筑策划专委会的委员接受采访，各抒己见，提供了宝贵的经验和建议，恕不一一提及姓名，在此表示衷心的感谢。你们的帮助和关怀将成为我们继续努力不怠的动力。感谢清华大学《住区》杂志编辑部在本书的策划、编辑、审校以及平面设计等方面的尽心筹划，感谢中国建筑工业出版社的积极推动最终使得本书能够顺利付梓。最后，感谢这个时代，这个富足的时代让我们能够免于饥馑，让我们能够长于获知。"前事不忘，后事之师"，也正是使用后评估本源的理念和初衷。

本书获国家自然科学基金面上项目（51378275）、青年项目（51608294）、国家"十二五"科技支撑计划课题（2013BAJ15B01）资助支持。

图书在版编目（CIP）数据

后评估在中国 / 庄惟敏，梁思思，王韬著 . —
北京：中国建筑工业出版社，2017.11
ISBN 978-7-112-21355-9

Ⅰ . ①后… Ⅱ . ①庄… ②梁… ③王… Ⅲ . ①建筑工
程—评估—文集 Ⅳ . ① TU723-53

中国版本图书馆 CIP 数据核字 (2017) 第 252982 号

责任编辑：李　东
编　　辑：王若溪　葛方悟　陈　芳
责任校对：焦　乐
排版设计：官菁菁
封面设计：张　欣

后评估在中国

庄惟敏　梁思思　王韬 著

*

中国建筑工业出版社 出版、发行（北京海淀三里河路 9 号）
各地新华书店、建筑书店经销
北京久佳印刷有限责任公司制版
北京久佳印刷有限责任公司印刷

*

开本：787*1092 毫米 1/16 　印张：12¼　字数：300 千字
2017 年 11 月第一版　2017 年 11 月第一次印刷
定价：36.00 元
ISBN 978-7-112-21355-9
（31070）